低油麵包×低脂披薩×低卡點心
66道超滿足輕食提案

零負擔輕醣烘焙

主婦之友社／編著　小田原雅人／監修
黃筱涵／譯

Contents

Part 2
披薩

Part 3
點心

〈本書注意事項〉

- 1大匙為15mℓ、1小匙為5mℓ、1杯為200mℓ。
- 完成的大小與數量依實際成品為準。
- 烤箱溫度、烘烤時間依標準電烤箱為準。實際成品會依使用的烤箱種類（瓦斯烤箱或電烤箱）或容量而異，請視情況調整。
- 書中使用的微波爐功率為600W，因此使用500W的微波爐時，加熱時間請調整為1.2倍。
- 室溫指的是20～25度，寒冬與酷暑時節請配合氣溫，分別使用暖氣與冷氣進行調整。
- 所有缽盆與用具都不能有水氣與油分殘留。
- 本書使用動物性（乳脂肪）鮮奶油。改用植物性發泡鮮奶油時，風味、打發狀態與點心的膨脹度都會不同，成品可能不如預期。此外，打發用的鮮奶油，乳脂肪含量應在42%以上。
- 粉類的含水量依製造商而異，請依最初的狀態調節水分。

減醣不易胖

喜歡甜食的人，通常也會食用大量的麵包、點心、水果等，因此有過度攝取醣類的傾向。
只要下點工夫，稍微減少這些食物的醣質就不易發胖了。

資訊來源／小田原雅人教授（東京醫科大學）

所謂的醣質
究竟是什麼呢？

身體必需的營養素之一

碳水化合物（醣質＋膳食纖維）、脂質、蛋白質並稱三大營養素，對身體來說是不可或缺的物質，必須均衡攝取，但是現代人卻有攝醣過量導致肥胖的傾向。儘管如此，醣質對腦部來說是很重要的營養素，因此也不能過度減醣。目前一般人攝取的熱量中有60%源自於醣質，只要在日常生活中稍微減醣，將比例降到50%左右就是相當理想的減重法。

為什麼
攝取過多醣質會變胖？

用不完的醣分會變成脂肪

透過三餐或點心攝取的醣質會在血液中轉換成葡萄糖，運送到全身的內臟與各組織作為能量消耗掉。但是攝取過多醣質會導致能量過剩，用不完的醣分便會化為內臟脂肪或皮下脂肪積蓄在體內而造成肥胖。此外，攝取醣質會造成血糖值（血液中的含醣量）上升，促進大腦分泌血清素等物質而產生幸福感。這會使偏好醣質的人陷入每逢血糖值降低就想攝取醣質的惡性循環中，進而造成肥胖。

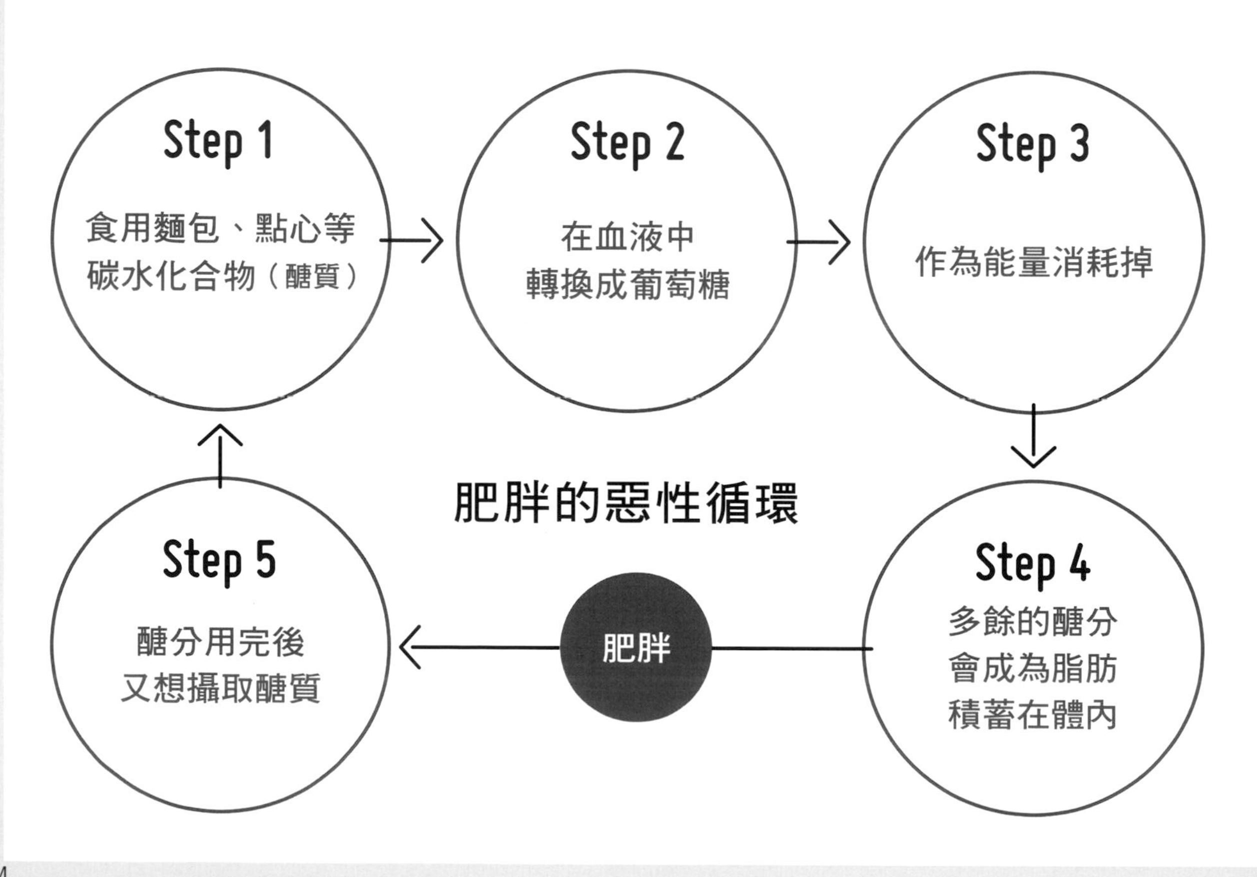

富含醣質的食物有哪些？

富含醣質的食物有米飯、麵包、烏龍麵、蕎麥麵、義大利麵等主食，以及薯芋類、添加砂糖的甜食等。顆粒愈細的食物愈容易攝取過度，所以特別容易讓人變胖，例如：吃麵包比米飯容易胖，吃砂糖比麵包容易胖等。

[米飯]
（1碗，150g）

醣質 | 55.3g

[烏龍麵]
（1人份）

醣質 | 53.5g

[中華蕎麥麵]
（1人份）

醣質 | 85g

[餅乾]
（5片）

醣質 | 24.4g

[仙貝]
（3片，45g）

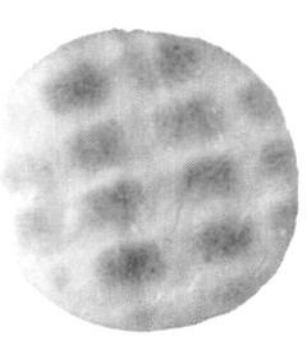

醣質 | 37.0g

順道一提…蛋白質食物＝低醣質

[牛排]
（1人份）

醣質 | 1.9g

[加工乳酪]
（1片，18g）

醣質 | 0.2g

[水煮毛豆]
（1人份 140g，淨重 70g）

醣質 | 3.0g

依本書食譜製作的麵包、披薩與點心都大幅降低了含醣量

[無餡料麵包]
（1個）

一般食譜的含醣量 | 29.2g
↓
減醣之後的含醣量 | 3.4g

[瑪格麗特披薩]
（1人份，½片）

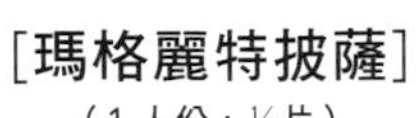

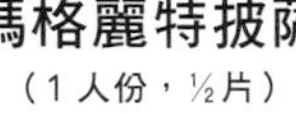

一般食譜的含醣量 | 21.5g
↓
減醣之後的含醣量 | 5.2g

[奶油麵包捲]
（1個）

一般食譜的含醣量 | 21.8g
↓
減醣之後的含醣量 | 3.6g

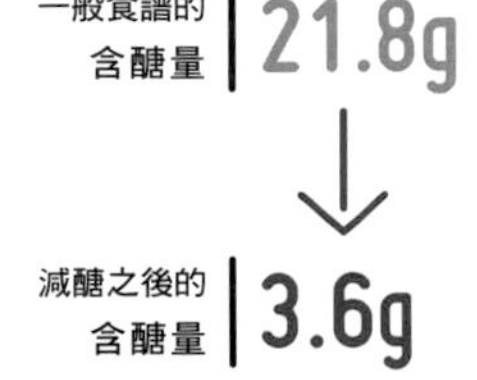

[草莓奶油蛋糕]
（1人份，⅙片）

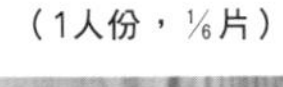

一般食譜的含醣量 | 24.8g
↓
減醣之後的含醣量 | 5.4g

主要食材目錄

減醣食譜使用的特有材料，有助於大幅降低含醣量。

生黃豆粉

「減醣」麵包與披薩的主要材料，可用來取代富含醣質的麵粉。將生黃豆磨得極細的生黃豆粉，含醣量會比用熟豆磨成的黃豆粉來得少。實際含醣量依製造商而異，不過平均每100g的含醣量為11～13g左右。

小麥蛋白粉（麩粉）

從麵粉中分離出小麥蛋白（麩）後，再磨成細緻的粉末。由於是一般麵粉中也含有的成分，用來做義大利麵時仍能保有獨特的嚼勁，製作麵包時同樣能產生鬆軟的口感，可說是相當重要的成分。

小麥麩皮粉

小麥顆粒的胚芽與表皮部分通常會在精製麵粉時去除，但是這兩種成分富含膳食纖維且散發質樸的香氣，混在麵團中會產生獨特的口感並提升分量感。每100g的麵粉含醣量為70g，不過小麥麩皮粉僅含28g。

杏仁粉

以杏仁磨成的細緻粉末，又稱為Almond poodle。拿來與生黃豆粉一起製作麵團，口感會更加溼潤、容易成形，香氣也會更上一層樓。但是氣味容易散逸，所以開封後應儘早用完。每100g的杏仁粉僅含9.3g的醣質。

凍豆腐

通常用來烹煮料理的凍豆腐，可以運用在「減醣」點心中，做出像p.86「凍豆腐蘭姆酒球」的海綿蛋糕，或是取代糯米做出像p.88的「酥炸凍豆腐咖哩霰餅」。另外，用凍豆腐粉也能輕鬆做出像p.20的點心。

豆渣

用煮熟的黃豆製成豆漿後剩餘的殘渣，通常富含水分，乾炒後就搖身一變成為「減醣」烘焙點心的專用粉。炒得乾鬆的豆渣飽含空氣，能夠烤出口感輕盈的點心。一般市面上也售有可直接使用的「豆渣粉」。

乾酵母粉

將可以使麵團膨脹的酵母乾燥而成。酵母會透過分解醣質進行發酵，因此有助於分解材料中的醣質，以達到更好的「減醣」效果。本書的食譜通常一次會使用3g，購買小包裝會比較方便。

羅漢果代糖（顆粒）

「減醣」食譜中頗具代表性的甜味劑。羅漢果代糖是用同時作為中藥材使用的羅漢果萃取出的高純度精華，以及玉米發酵而成的「赤藻糖醇」所製成。這種源自於植物的零熱量天然甜味劑非常受歡迎。具有耐熱性，加熱後風味不變。

製作點心的基本技巧

這裡要介紹製作點心時應特別留意的技巧。

豆渣粉的事前處理

豆渣粉是「減醣」點心中常用的材料，要以乾炒方式去除多餘的水分。將豆渣粉倒入平底鍋開中火乾炒，過程中需要用木鏟不斷攪拌以避免燒焦，等豆渣粉變得乾鬆後就倒入長方形淺盤等容器攤開冷卻。

粉類的事前處理

製作點心時，經常會出現「粉類過篩」這項事前準備工作。不過「減醣」點心使用的小麥麩皮粉、豆渣粉等，均為無法通過網篩孔洞的粉類，所以要用打蛋器拌入空氣來取代這個作業程序。

麩粉的處理方法

要將水或牛奶加入含有麩粉的粉類時，必須一口氣倒入。因為麩粉的吸水力很強，慢慢添加會出現結塊。

倒入水或牛奶後要盡快攪拌，才能讓粉類均勻吸收水分。

減醣 News 1

無麩質麵包!?
雲朵麵包

輕盈的口感有如軟綿綿的雲朵，
所以稱為雲朵麵包。
這款雲朵麵包的最大特徵，就是完全沒有使用粉類。
不僅醣質趨近於零，同時還兼具無麩質的優點，
因此在美國爆紅後也在海外引爆話題。

醣質（1片） 0.2g

Cloud Bread

雲朵麵包

使用的缽盆與打蛋器都要完全乾燥，
否則一旦沾到水分或其他東西就很難打發蛋白。

■ 材料［直徑12cm的大小10片份］

雞蛋（L）••• 3顆

醋 ••• 1小匙

A｜奶油乳酪 ••• 50g
｜羅漢果代糖（顆粒）••• 1小匙
｜泡打粉 ••• 1小匙

■ 事前準備

- 將奶油乳酪置於室溫下回軟［a］。
- 烤箱預熱至160度。
- 在烤盤上鋪烘焙紙（最好準備2個烤盤）。
- 將蛋白與蛋黃分別放入不同的缽盆中。

■ 作法

1. 在蛋白中加入醋［b］，用手持式攪拌棒打發。打成可以拉出挺立尖角的紮實蛋白霜［c］。
2. 在蛋黃中加入A，用手持式攪拌棒打成泛白的乳霜狀［d］。
3. 將2一口氣倒入1中，用橡皮刮刀大略攪拌以避免弄破氣泡［e］，混拌至均勻即可［f］。
4. 舀起1匙的3，在鋪有烘焙紙的烤盤上抹開成直徑12cm的圓形，剩下的麵糊亦同。1個烤盤約5片［g］。接著放入160度的烤箱中烤15～20分鐘，烤成金黃色後［h］，放到網架上冷卻。

a

b

c

d

e

f

g

h

Cloud Bread ARRANGE 1

雲朵奶油蛋糕

夾入鮮奶油與水果當餡料。

■ 材料［2人份］

雲朵麵包 ••• 6片

鮮奶油 ••• 100mℓ

A | 奶油乳酪 ••• 40g
| 羅漢果代糖（顆粒）••• ⅔～1大匙
| 蘭姆酒 ••• 1小匙

草莓、藍莓、薄荷葉 ••• 各適量

■ 作法

1. 將奶油乳酪置於室溫下回軟。
2. 將鮮奶油打至濕性發泡後加入A混拌，放進冰箱冷藏。
3. 在雲朵麵包上塗抹適量的**2**，接著夾入草莓與藍莓，製作出2層後用薄荷葉裝飾。

Cloud Bread ARRANGE 2

雲朵漢堡

只要夾入漢堡排，就能攝取充足的蛋白質。

■ 材料［2人份］

雲朵麵包 ••• 4片

〈漢堡排〉

| 牛絞肉 ••• 200g
| 肉豆蔻、鹽、胡椒 ••• 各少許
| 蛋液 ••• ½顆份

豬油 ••• 適量

萵苣、番茄、乳酪片、培根 ••• 各適量

■ 作法

1. 將製作漢堡排的材料倒入缽盆中揉捏混合後，放進冰箱冷藏30分鐘。在平底鍋中放入豬油燒熱，接著放入捏成圓形的漢堡排，兩面都煎熟後再煎培根。
2. 在雲朵麵包中依序夾入萵苣、乳酪、**1**、乳酪、培根與番茄。

Cloud Bread ARRANGE 3

雲朵披薩

烤出大大的餅皮，塗上醬料、擺上乳酪絲就成了披薩！

■ **材料［直徑18cm的大小2片份］**

雲朵麵包的全部分量

〈番茄醬汁〉［易於製作的分量］

- 大蒜 ••• 1瓣
- 月桂葉 ••• 1片
- 橄欖油 ••• 2大匙
- 番茄罐頭（整顆）••• 200g
- 鹽 ••• 2小撮
- 胡椒 ••• 少許

披薩專用乳酪絲、帕瑪森乳酪 ••• 各適量

羅勒葉 ••• 適量

■ **事前準備**

- 烤箱預熱至250度。

■ **作法**

1. 參照p.9製作雲朵麵包的麵團，烤成直徑18cm的大小。
2. 製作番茄醬汁。將搗碎的蒜頭、月桂葉、橄欖油倒入鍋中，以小火煮至冒泡沸騰後，加入番茄罐頭一起熬煮。等番茄煮到完全化掉、變成濃稠狀後，加入鹽與胡椒調味。
3. 取½的**2**塗抹在雲朵麵包上，接著撒上披薩專用乳酪絲，放入250度的烤箱中烤5分鐘左右。最後擺上羅勒葉，撒上帕瑪森乳酪。

Tiramisù

提拉米蘇

使用吉利丁片可以做出更滑順的口感。
不妨依喜好用白蘭地增添風味。

■ 材料[6人份]

吉利丁片 ••• 2片

A
- 馬斯卡彭乳酪 ••• 125g
- 奶油乳酪 ••• 80g
- 蛋黃 ••• 3顆份

鮮奶油 ••• 200g

羅漢果代糖（顆粒）••• 40～50g

可可粉 ••• 適量

■ 作法

1. 在小缽盆中放入吉利丁片、1大匙的水，隔水加熱直到溶化。
2. 將A倒入另外一個缽盆中，用打蛋器打至舀起時會緩慢滴落的濃稠狀（攪拌力道不要過大[a]）。
3. 把1加入2中慢慢拌勻。
4. 將鮮奶油、羅漢果代糖放入另外一個缽盆中，用打蛋器打至提起打蛋器時，上面的鮮奶油不會掉落的狀態即可。
5. 將4分成2～3次加入3中，每次加入後都要用橡皮刮刀拌勻。可依喜好添加白蘭地，並以切拌方式混合，以避免破壞鬆軟滑順的口感。
6. 將麵糊倒入容器抹平後，用濾茶器撒上大量的可可粉，放進冰箱冷藏2～3小時。

※建議可分裝至不同容器，再搭配雲朵麵包（參照p.8）享用。

訣竅是打蛋器要維持一定的方向與節奏，而且不要過度打發。

Custard Pudding

卡士達布丁

大人小孩都喜歡的甜點，
只要用隔水加熱的方式蒸烤即可。

■ 材料[6個份]

雞蛋（L）••• 1顆
蛋黃 ••• 3顆份
A | 牛奶 ••• 250mℓ
| 鮮奶油 ••• 200mℓ
| 羅漢果代糖（顆粒）••• 60～70g
香草莢 ••• 3cm

■ 事前準備

- 烤箱預熱至140度。

■ 作法

1. 用刀子刮出香草莢的籽。
2. 在鍋中放入A與1（豆莢與香草籽），用小火一邊加熱一邊攪拌，同時要避免煮沸。
3. 將雞蛋與蛋黃放入缽盆中，用打蛋器仔細攪拌。等蛋白與蛋黃均勻混合後，分次少量地加入2拌均。
4. 用網篩邊過濾邊倒入耐熱杯中，接著蓋上鋁箔紙[a]。擺放到裝有熱水的烤盤中，以140度的烤箱加熱50分鐘左右。烤好後稍微放涼，再放進冰箱冷藏。

因為採用隔水加熱法，所以要覆蓋鋁箔紙以免水滴滴入。

減醣 News 3

乳酪、鮮奶油、奶油都是減醣好夥伴

雖然乳酪、鮮奶油與奶油都有高熱量疑慮，
但是所含的蛋白質很適合在減醣飲食中採用，
建議可以充分攝取。

醣質（1人份，⅛片） 2.0g

Japanese Jiggly Cheesecake

舒芙蕾乳酪蛋糕

成功的關鍵在於要確實打發蛋白。
低溫蒸烤的方式則可做出獨特的溼潤口感。

■ 材料[直徑18cm的圓形模具1個份]

奶油乳酪 ••• 200g
蛋白 ••• 3顆份
羅漢果代糖(顆粒) ••• 70~80g
蛋黃 ••• 3顆份
鮮奶油 ••• 200mℓ
檸檬皮 ••• 1顆份
檸檬汁 ••• ½顆份
君度橙酒 ••• 2小匙

■ 事前準備

- 烤箱預熱至180度。
- 準備模具[a]。
- 將奶油乳酪置於室溫下回軟(也可放進耐熱容器中,用微波爐加熱40秒)。

■ 作法

1. 在缽盆中倒入蛋白,用手持式攪拌棒攪打[b]。中途將1大匙的羅漢果代糖分成2次加入,每次加入後都要拌勻,打發成可以拉出微彎尖角的蛋白霜(不要過硬)。放進冰箱冷藏直到使用之前。
2. 將奶油乳酪放入另外一個缽盆中,依序加入剩下的羅漢果代糖、蛋黃,用手持式攪拌棒攪打至均勻濃稠的狀態[c]。
3. 將黃色的檸檬皮磨碎後加入**2**[d],再倒入檸檬汁、君度橙酒攪拌。
4. 在另外一個缽盆中放入鮮奶油,用手持式攪拌棒或打蛋器攪打成可流動的濃稠液狀[e]。
5. 將**4**加入**3**中,用橡皮刮刀從底部翻起攪拌,直到整體拌勻為止。
6. 從冰箱取出**1**的蛋白霜,用打蛋器攪拌數次後,分成3次加入**5**中,每次加入後都要用橡皮刮刀從底部翻起大略拌勻[f]。
7. 將麵糊倒入模具後,擺放在烤盤上[g]。在烤盤裡裝入熱水,水深至模具高度的⅓為止,接著依序以180度的烤箱蒸烤30分鐘、以160度蒸烤20分鐘,最後再以150度蒸烤10分鐘。
8. 烤好後靜置在烤箱中1小時左右,直到完全冷卻為止。取出後用保鮮膜連同模具一起包覆,放進冰箱冷藏一個晚上。也可用小番茄或薄荷葉加以裝飾。

在模具中塗上薄薄一層奶油(分量外),再依照模具形狀剪好烘焙紙鋪上,烘焙紙上要塗抹奶油(分量外)。由於採用蒸烤法,因此底部與側面都要用鋁箔紙包覆,以免水分跑入模具內。

Unbaked Cheesecake

生乳酪蛋糕

吃起來輕盈鬆軟，而且口感滑順。

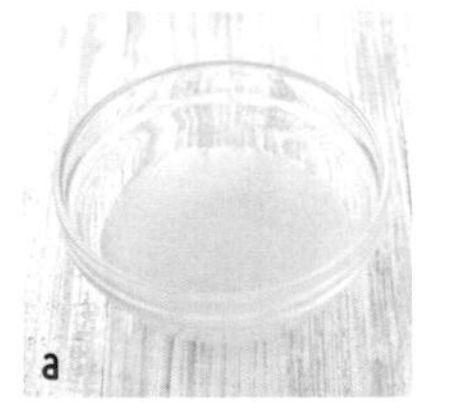
a

■ 材料[烤盅4個份]

奶油乳酪 ••• 100g
原味優格 ••• 50g
羅漢果代糖（顆粒）••• 30～40g
檸檬汁 ••• 2小匙
鮮奶油 ••• 60g
吉利丁粉 ••• 4g

A | 水 ••• 1大匙
　| 白酒 ••• 2小匙
蛋白 ••• ½顆份
醋 ••• 1小匙

b

■ 事前準備

- 將奶油乳酪切成適當的大小，置於室溫下回軟。
- 在缽盆中倒入A拌勻，加入吉利丁粉泡開[a]。

c

■ 作法

1. 在缽盆中放入奶油乳酪，用打蛋器攪拌至呈滑順狀。接著依序加入優格、羅漢果代糖與檸檬汁，每次加入後都要攪拌成滑順狀[b]。
2. 在另外一個缽盆中放入鮮奶油，並在缽盆的底部隔著冰水，用打蛋器攪拌至呈黏稠狀[c]，接著放進冰箱冷藏。
3. 將蛋白與醋放入另外一個缽盆中，用手持式攪拌棒攪打[d]至可以拉出堅硬挺立的尖角。
4. 將泡開的吉利丁粉用微波爐加熱30秒，溶解後倒入1中仔細拌勻。接著加入2，再將3分成2次倒入，每次加入後都要用橡皮刮刀拌勻。
5. 將麵糊倒入烤盅後，放進冰箱冷藏2小時以上使其凝固。也可用開心果、萊姆加以裝飾。

d

醣質
（1人份） 2.3g

Mascarpone Cheese Ice Cream

馬斯卡彭乳酪冰淇淋

用天然乳酪＆鮮奶油打造出濃醇風味。

■ 材料［易於製作的分量，6人份］

A | 雞蛋（L）••• 2顆
  | 羅漢果代糖（顆粒）••• 50～60g

鮮奶油 ••• 300mℓ

馬斯卡彭乳酪 ••• 125g

香草莢 ••• 3cm

■ 作法

1. 用刀子刮出香草莢的籽。
2. 在缽盆中放入A與1（豆莢與香草籽），一邊隔水加熱一邊溶化羅漢果代糖後，用打蛋器攪拌至整體產生黏性［a］。
3. 在另外一個缽盆中放入鮮奶油，並在缽盆的底部隔著冰水，用打蛋器攪拌至呈黏稠狀［b］。
4. 將2（去除豆莢與香草籽）的缽盆底部隔著冰水冷卻，加入馬斯卡彭乳酪與3拌勻。
5. 將冰淇淋糊倒入長方形淺盤後放進冷凍庫，每隔1小時取出用湯匙攪拌。重複此步驟3次，直到冰淇淋完全凝固。
6. 盛盤後，可依喜好搭配哈密瓜、草莓、藍莓等配料。

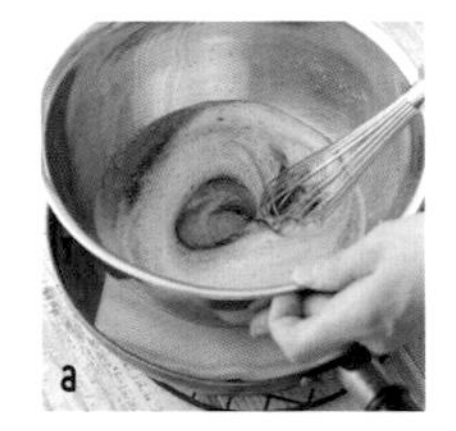

添加乳酪後，羅漢果代糖就不易溶化，所以必須藉由隔水加熱維持溫度，確實攪拌混合使其溶化。

鮮奶油的發泡狀態與2的蛋液濃稠度相當時，就不易產生分離。也可以用保冷劑代替冰水。

Gâteau Chocolat

巧克力蛋糕

用可可粉&杏仁粉&豆渣粉
創造出絕妙的微苦滋味。

■ 材料[直徑18cm的圓形模具1個份]

A | 鮮奶油 ••• 100mℓ
| 奶油(無鹽) ••• 70g

B | 可可粉 ••• 60g
| 杏仁粉 ••• 40g
| 豆渣粉 ••• 40g
| 泡打粉 ••• 2小匙

C | 雞蛋(L) ••• 3顆
| 羅漢果代糖(顆粒) ••• 70~80g

蘭姆酒 ••• 1大匙

■ 事前準備

- 烤箱預熱至180度。
- 依照模具形狀剪好烘焙紙鋪上。

■ 作法

1. 在小鍋中放入A用小火加熱，同時要避免煮沸[a]，奶油溶化後即可關火。
2. 將B倒入缽盆中攪拌均勻，接著分次少量地加入1[b]，用橡皮刮刀拌勻[c]。
3. 在另外一個缽盆中放入C，一邊隔水加熱一邊用手持式攪拌棒攪打[d]。當溫度接近體溫時就把熱水盆撤掉，攪拌至顏色變白並呈黏稠狀[e]。
4. 舀起1匙的3加入2中混合[f]，再倒入蘭姆酒與剩下的3[g]仔細拌勻[h]。
5. 將麵糊倒入模具後整平表面，放入180度的烤箱中烤25~30分鐘。烤好後以竹籤刺入蛋糕，如果沒有沾黏麵糊就表示烤熟了。脫模後撕掉烘焙紙，將蛋糕放到網架上，覆蓋上廚房紙巾靜置冷卻。

a

b

c

d

e

f

g

h

醣質
（1人份，1/8片）
2.6g

減醣 News 4

眾所矚目的凍豆腐粉

將凍豆腐磨成粉末狀使用。
可以直接購買市售品，也可以用調理機打碎凍豆腐。
富含膳食纖維，非常建議使用。

醣質（1個） 0.8g

Financier

費南雪蛋糕

添加香醇的熱奶油，製作出正統的好滋味。

■ 材料[費南雪烤模12個份]

杏仁粉 ••• 80g
凍豆腐粉（凍豆腐磨成的粉） ••• 40g
奶油（無鹽） ••• 150g
羅漢果代糖（顆粒） ••• 70～90g
蛋白 ••• 4顆份

■ 事前準備

- 烤箱預熱至220度。
- 將奶油（分量外）置於室溫下回軟，在模具中塗上薄薄一層後[a]，放進冷凍庫。
- 將杏仁粉與凍豆腐粉倒入塑膠袋中，搖晃混勻。

■ 作法

1. 將粉類過篩至缽盆中，接著加入羅漢果代糖拌勻。
2. 在另外一個缽盆中放入蛋白，仔細打散。
3. 將奶油切成2cm的塊狀，放入鍋中以中火加熱至冒泡沸騰且散發出香氣為止。
4. 將3過篩加入1中，用打蛋器攪拌混合。接著將2分成2～3次加入，每次加入後都要拌勻。
5. 將麵糊倒入模具後整平表面，放進冰箱冷藏3小時以上（最好冷藏一個晚上）。
6. 放入預熱至220度的烤箱中烤15分鐘左右，脫模後放到網架上冷卻。

a

如果沒有費南雪烤模的話，也可以使用瑪德蓮蛋糕模。

Muffin with Tea Leaf

紅茶馬芬蛋糕

茶包的茶葉很細緻，十分好運用。

■ **材料**［口徑約5cm的烘焙紙杯12個份］

奶油（無鹽）••• 120g
鹽 ••• 少許
羅漢果代糖（顆粒）••• 80～90g
雞蛋（L）••• 3顆

A
凍豆腐粉（凍豆腐磨成的粉）••• 50g
杏仁粉 ••• 70g
豆渣粉 ••• 2大匙
泡打粉 ••• 2小匙

紅茶茶葉 ••• 1大匙

■ **事前準備**

- 將奶油置於室溫下回軟（也可以用微波爐加熱20秒）。
- 將A倒入塑膠袋中，搖晃混勻。
- 烤箱預熱至170度。

■ **作法**

1. 在奶油中加入鹽，用橡皮刮刀攪拌至呈滑順狀，再用手持式攪拌棒攪打至可以拉出硬挺的尖角[a]。
2. 將羅漢果代糖分成3次加入，每次加入後都要用手持式攪拌棒攪打均勻。
3. 將雞蛋打散後，一邊慢慢地加入2中，一邊用手持式攪拌棒拌勻。
4. 將A過篩加入後[b]，用橡皮刮刀大略攪拌至沒有粉類殘留。加入紅茶茶葉後，以切拌方式混合。
5. 將麵糊倒入烘焙紙杯中，用170度的烤箱烤25分鐘左右。烤好後以竹籤刺入蛋糕，如果沒有沾黏麵糊就表示烤熟了。接著放到網架上冷卻。

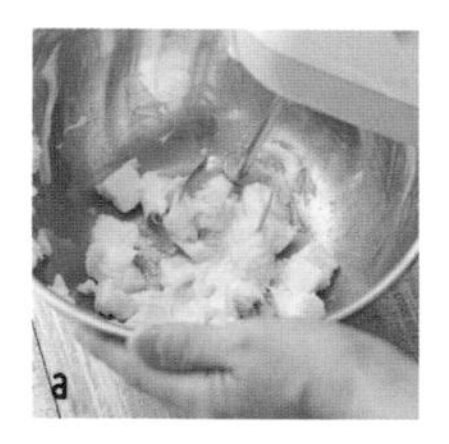

用手持式攪拌棒把空氣拌入奶油中。

過篩的時候把塑膠袋當成手套使用，就不怕弄髒手了。

Lemon Cheese Cream Pancake
檸檬奶油乳酪鬆餅

醣質（1片）| 4.9g

Coffee Cream Pancake
咖啡奶油鬆餅

醣質（1片）| 2.9g

鬆餅

■ 材料[4片份]

雞蛋(L) ••• 2顆
羅漢果代糖(顆粒) ••• 2大匙
鮮奶油 ••• 100mℓ
融化奶油 ••• 20g

A | 凍豆腐粉(凍豆腐磨成的粉) ••• 80g
| 泡打粉 ••• 1小匙
鹽 ••• 1小撮

■ 事前準備

• 將A倒入塑膠袋中,搖晃混勻[a]。

■ 作法

1. 用打蛋器打散雞蛋後,依序加入羅漢果代糖、鮮奶油與融化奶油,每次加入後都要拌勻。
2. 加入A與鹽後,用橡皮刮刀拌至均勻[b]。
3. 將平底鍋用中火燒熱後,塗上薄薄一層奶油(分量外,若為不沾鍋就不用塗奶油),舀起1匙的2抹開成圓形。蓋上鍋蓋用小火煎3分鐘左右,等表面開始冒泡就翻面煎1分30秒左右[c]。剩下的麵糊也以相同方式煎熟。

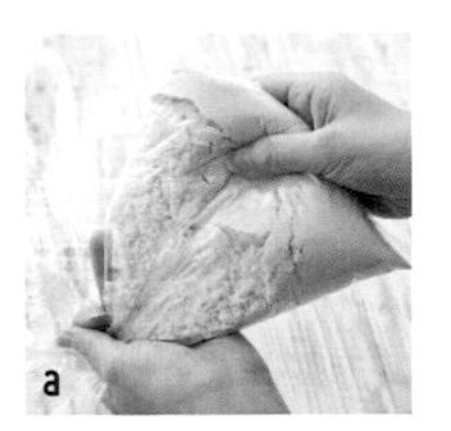
a

b

c

檸檬奶油乳酪

■ 材料[易於製作的分量]

鮮奶油 ••• 200mℓ

A | 奶油乳酪 ••• 80g
| 羅漢果代糖(顆粒) ••• 1~2大匙
| 白酒 ••• 2小匙
| 檸檬汁 ••• ½顆份
| 檸檬皮(切絲) ••• ¼顆份

■ 作法

1. 將奶油乳酪置於室溫下回軟(也可以用微波爐加熱20秒左右)。
2. 將鮮奶油打至濕性發泡後,依序加入A的材料拌勻。接著倒入容器中,放進冰箱冷藏。

※抹在鬆餅上後,可依喜好撒上開心果、香芹、檸檬皮。

咖啡奶油

■ 材料[易於製作的分量]

奶油(無鹽) ••• 200g
蛋黃 ••• 2顆份
羅漢果代糖(顆粒) ••• 80~100g
即溶咖啡粉 ••• 1½大匙

■ 作法

1. 將奶油置於室溫下回軟(也可以用微波爐加熱20秒左右)。放入缽盆後,用打蛋器攪打成柔軟的乳霜狀。
2. 加入蛋黃、羅漢果代糖,攪拌至泛白的程度。
3. 以2大匙的熱水溶化即溶咖啡粉後,倒入2中攪拌(從缽盆的邊緣倒入,就不易與奶油分離)。覆蓋上保鮮膜後,放進冰箱冷藏。

※長時間冷藏會變硬,要特別注意。太硬的話,請先置於室溫下回軟。
※抹在鬆餅上後,可依喜好用長山核桃、開心果加以裝飾,再撒上杏仁角。

減醣 News 5

有益腸道的豆渣粉

豆渣粉中富含容易攝取不足的膳食纖維，
建議可以積極食用。

Baked Soy Donuts

豆渣甜甜圈

很適合當伴手禮的迷你尺寸。

■ 材料［迷你甜甜圈模12個份］

雞蛋（L）••• 2顆
羅漢果代糖（顆粒）••• 2～3大匙
鮮奶油 ••• 5大匙
奶油乳酪 ••• 40g
A｜豆渣粉 ••• 30g
｜杏仁粉 ••• 2大匙
｜泡打粉 ••• 1小匙
融化奶油 ••• 10g
香草油 ••• 5滴

■ 事前準備

- 將奶油乳酪置於室溫下回軟。
- 將A倒入塑膠袋中，裝入空氣後封口，搖晃混勻。
- 烤箱預熱至180度。

■ 作法

1. 將雞蛋打入缽盆中，用打蛋器打散後，依序加入羅漢果代糖、鮮奶油、奶油乳酪，每次加入後都要拌勻。
2. 將A過篩加入1後，用橡皮刮刀攪拌至沒有粉類殘留。接著加入融化奶油、香草油混拌。
3. 將麵糊擠入模具[a]，放入180度的烤箱中烤15分鐘左右。

有擠花袋的話做起來會更輕鬆，沒有的話就用湯匙等舀入。

Soy Cookie

豆渣餅乾

將麵團撕成小塊並塑形成圓形，不需使用模具。

■ 材料［直徑2cm的大小25片份］

奶油（無鹽）••• 60g
羅漢果代糖（顆粒）••• 2～3大匙
鹽 ••• 1小撮
蛋黃 ••• 2顆份
A｜豆渣粉 ••• 60g
　｜杏仁粉 ••• 60g

■ 事前準備

- 將奶油置於室溫下回軟。
- 將A倒入塑膠袋中，裝入空氣後封口，搖晃混勻。
- 烤箱預熱至170度。

■ 作法

1. 在缽盆中放入奶油，用打蛋器攪打成滑順的乳霜狀。接著依序加入羅漢果代糖、鹽，每次加入後都要攪打至泛白，再加入蛋黃拌勻。
2. 將A過篩加入1後，用橡皮刮刀攪拌至沒有粉類殘留。把材料聚攏成團後用保鮮膜包覆，放進冰箱醒麵1小時。
3. 將麵團撕成小塊，塑形成直徑約2cm的大小後，排放在鋪有烘焙紙的烤盤上，放入170度的烤箱中烤10～12分鐘。

Black Sesame Steamed Bun

黑芝麻奶油豆渣蒸麵包

搭配黑芝麻可以為風味加分。

■ 材料[口徑約5cm的烘焙紙杯6個份]

雞蛋（L）••• 2顆
羅漢果代糖（顆粒）••• 1～2大匙
牛奶 ••• 5大匙
A｜豆渣粉 ••• 30g
｜杏仁粉 ••• 2大匙
｜泡打粉 ••• 1小匙
融化奶油 ••• 10g
香草油 ••• 5滴
炒過的黑芝麻 ••• 2大匙

■ 事前準備

• 將A倒入塑膠袋中，搖晃混勻[a]。

■ 作法

1. 將雞蛋在缽盆中打散後，依序加入羅漢果代糖、牛奶拌勻。
2. 將A過篩加入1中，用橡皮刮刀攪拌至沒有粉類殘留後，依序加入融化奶油、香草油、黑芝麻，每次加入後都要拌勻。
3. 將麵糊倒入烘焙紙杯中，放入已冒蒸氣的蒸鍋裡蒸12～15分鐘。蒸好後以竹籤刺入麵包，如果沒有沾黏麵糊就表示蒸熟了。接著放到網架上冷卻。

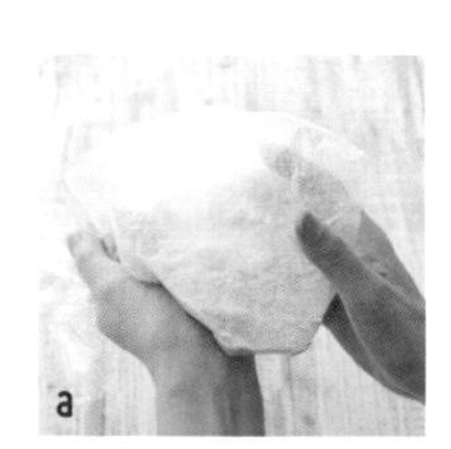

只要將粉類倒入塑膠袋中搖晃，不需任何工具就能混合均勻。

Cheese Steamed Bun

乳酪豆渣蒸麵包

放涼後口感既濕潤又Q彈，乳酪粉的風味與濃郁感令人滿足。

■ 材料［口徑約5cm的烘焙紙杯6個份］

雞蛋（L）••• 2顆

羅漢果代糖（顆粒）••• 1～2大匙

牛奶 ••• 5大匙

A | 豆渣粉 ••• 30g
 | 杏仁粉 ••• 2大匙
 | 泡打粉 ••• 1小匙

融化奶油 ••• 10g

香草油 ••• 5滴

乳酪粉 ••• 2大匙

■ 事前準備

• 將A倒入塑膠袋中，搖晃混勻。

■ 作法

1. 將雞蛋在缽盆中打散後，依序加入羅漢果代糖、牛奶拌勻。
2. 將A過篩加入1中，用橡皮刮刀攪拌至沒有粉類殘留後，依序加入融化奶油、香草油、乳酪粉，每次加入後都要拌勻。
3. 將麵糊倒入烘焙紙杯中［a］，放入已冒蒸氣的蒸鍋裡蒸12～15分鐘。蒸好後以竹籤刺入麵包，如果沒有沾黏麵糊就表示蒸熟了。接著放到網架上冷卻。

將烘焙紙杯放進布丁杯或耐熱杯等，在蒸的過程中就不怕麵糊溢出或流得到處都是。

Soy and Coconut Cake

豆渣椰香蛋糕

只要倒入材料拌勻再烤熟即可。

■ 材料［18×18cm的方形模具1個份］

奶油（無鹽）••• 120g
羅漢果代糖（顆粒）••• 60～80g
雞蛋（L）••• 3顆
鮮奶油 ••• 3大匙
奶油乳酪 ••• 50g

A｜杏仁粉 ••• 70g
｜泡打粉 ••• 2小匙
｜豆渣粉 ••• 60g

椰子絲 ••• 3大匙

■ 事前準備

- 將奶油、奶油乳酪置於室溫下回軟。
- 依照模具形狀剪好烘焙紙鋪上。
- 烤箱預熱至180度。
- 將A倒入塑膠袋中，裝入空氣後封口，搖晃混勻。

■ 作法

1. 在缽盆中放入奶油與羅漢果代糖，用打蛋器攪拌均勻［a］，呈現滑順狀後，依序加入雞蛋、鮮奶油、奶油乳酪，每次加入後都要拌勻［b］。
2. 將A過篩加入1中［c］，用橡皮刮刀攪拌至沒有粉類殘留。
3. 將麵糊倒入模具後，用湯匙整平表面，再撒上椰子絲。
4. 以180度的烤箱烤50分鐘左右（烘烤35分鐘後，覆蓋上鋁箔紙以避免椰子絲烤焦）。烤好後以竹籤刺入蛋糕，如果沒有沾黏麵糊就表示烤熟了。脫模後放到網架上冷卻（靜置冷卻時覆蓋上廚房紙巾，可以避免蛋糕變乾）。

a

b

c

減醣 News 6

用牛奶或豆漿輕鬆製作甜點

如果想要簡單地製作甜點，以下這幾款非常適合。
這個單元介紹的都是含醣量低、滿足度超高的甜點。

醣質（1個）4.0g

Matcha Bavarois

抹茶芭芭羅瓦

使用較多的抹茶粉，可享受微苦的滋味與香氣。

■ 材料［易於製作的分量，4個份］

牛奶 ••• 250mℓ
吉利丁粉 ••• 7g
A | 抹茶粉 ••• 略少於2大匙
  | 羅漢果代糖（顆粒）••• 2～3大匙
鮮奶油 ••• 100mℓ
鮮奶油（淋在表面用）••• 適量

■ 事前準備

• 將吉利丁粉倒入2大匙的水中泡開。

■ 作法

1. 在鍋中倒入A，分次少量地加入牛奶拌勻後，開火加熱。煮到即將沸騰時關火，加入泡開的吉利丁粉溶解。接著連同鍋子隔著冰水，用橡皮刮刀攪拌成濃稠狀。
2. 將鮮奶油倒入缽盆中，並在缽盆的底部隔著冰水，用打蛋器攪拌至與1差不多的濃稠度。
3. 將2加入1中拌勻[a]，倒入容器後，放進冰箱冷藏凝固。
4. 享用時再淋上鮮奶油即可。

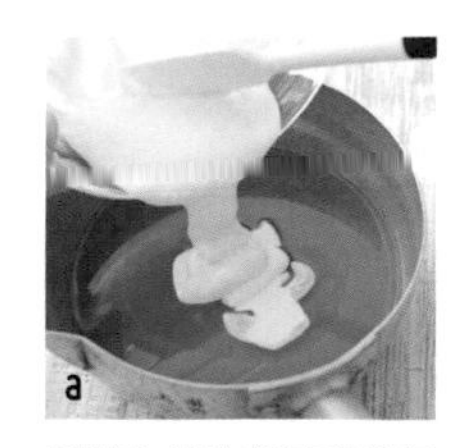

a 關鍵在於抹茶液與鮮奶油的濃稠度要相同，才能順利混合而不分離。

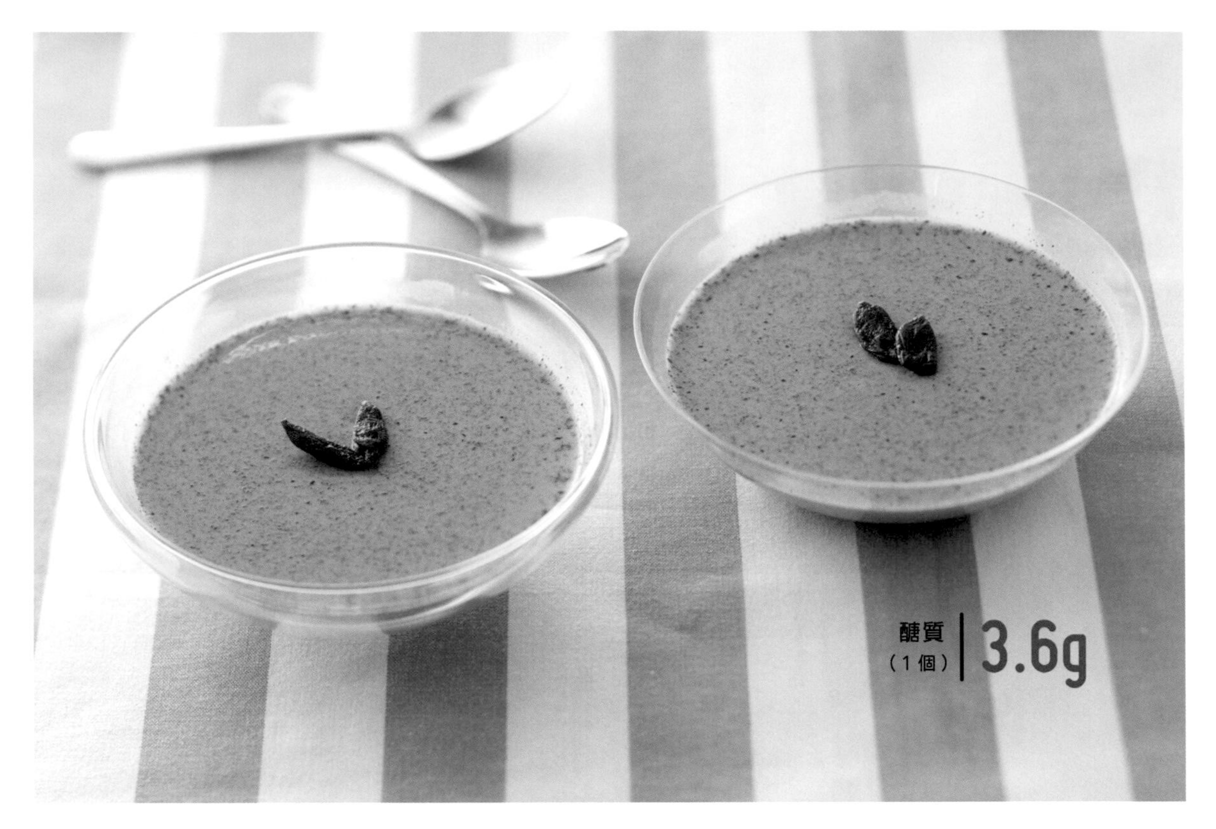

Black Sesame Pudding

黑芝麻布丁

使用豆漿＋黑芝麻製作，可享受芝麻醬的香氣與濃醇。

■ 材料[易於製作的分量，4個份]

豆漿（成分無調整）••• 200mℓ
吉利丁粉 ••• 4g
羅漢果代糖（顆粒）••• 略少於2大匙
芝麻醬 ••• 1大匙
枸杞 ••• 適量

■ 事前準備

• 將吉利丁粉倒入2大匙的水中泡開。

■ 作法

1. 將豆漿倒入鍋中，開火煮至冒泡後（不要煮沸），加入羅漢果代糖與泡開的吉利丁粉拌勻，關火。
2. 在缽盆中倒入芝麻醬與1[a]，用打蛋器攪拌混合。
3. 將2的底部隔著冰水，呈現濃稠感後倒入容器中，放進冰箱冷藏凝固。最後再以枸杞裝飾。

將溫熱的豆漿加入芝麻醬中，仔細拌勻。

Panna Cotta with Rosehip Sauce

玫瑰果醬奶酪

用帶有酸味的玫瑰果茶製作醬料，讓滋味更清爽。

■ 材料[4個份]

牛奶 ••• 200mℓ
羅漢果代糖（顆粒）••• 2 ½ 大匙
吉利丁粉 ••• 4g
鮮奶油 ••• 100mℓ

〈玫瑰果醬〉
玫瑰果茶（泡濃一點）••• 150mℓ
羅漢果代糖（顆粒）••• 1大匙
寒天粉 ••• 1小匙

■ 事前準備

• 將吉利丁粉倒入3大匙的水中泡開。

■ 作法

1. 將牛奶、羅漢果代糖倒入鍋中，開小火加熱。仔細拌勻溶解，在煮到即將沸騰時，加入泡開的吉利丁粉混合。
2. 將鮮奶油倒入缽盆中，並在缽盆的底部隔著冰水，用手持式攪拌棒打發至產生黏性為止。
3. 將**1**的鍋子底部隔著冰水冷卻後，分次少量地加入**2**中[a]，用打蛋器緩緩地攪拌。接著倒入容器中，放進冰箱冷藏凝固。
4. 在鍋中倒入玫瑰果茶與羅漢果代糖加熱，再加入寒天粉熬煮。煮好後稍微放涼，倒入**3**的表面。

將泡開的吉利丁粉加入牛奶後，分次少量地倒入打發的鮮奶油中。

Part 1
麵包
將減醣飲食中視為禁忌的麵包重新擺上餐桌
鬆軟的口感與粉類的香氣，
讓人一吃就忍不住上癮。
醣質
（1人份，1/6條）
5.1g
醣質
（1人份，1/6條）
3.4g
醣質
（1個）

Soft & Light Bread without Flour

基本減醣麵包（前）

Part 1將介紹許多減醣麵包，首先要說明的是基本麵團的作法。
只要改變形狀就能烤出法式短棍麵包或英式吐司。

■ 材料[6個份]

〈麵團〉
生黃豆粉 ••• 120g
小麥蛋白粉（麩粉）••• 90g
杏仁粉 ••• 30g
鹽 ••• ½小匙
乾酵母粉 ••• 3g
羅漢果代糖（顆粒）••• 1大匙
水 ••• 200mℓ
奶油（無鹽）••• 10g
手粉（小麥蛋白粉）••• 適量

〈潤飾用〉
A | 蛋液 ••• 適量
| 牛奶 ••• 適量
炒過的白芝麻 ••• 適量

■ 事前準備

- 將奶油置於室溫下回軟。
- 在烤盤上鋪烘焙紙。
- 烤箱預熱至180度。

■ 作法

1. 將生黃豆粉、小麥蛋白粉與杏仁粉倒在網篩上，用湯匙邊攪拌邊過篩至缽盆中[a]。
2. 加入鹽、乾酵母粉與羅漢果代糖[b]，用湯匙大致拌勻。
3. 在中央挖一個凹洞後，一口氣倒入所有的水[c]。
4. 用叉子慢慢挖取周圍的粉類往中央混合，讓水分遍布整體，直到材料聚攏成團[d]。
5. 取出麵團放在工作台上，揉成一團後用掌心壓平，放上撕成小塊的奶油[e]。
6. 將麵團對折，包覆住奶油[f]，然後再次揉成一團、壓平。
7. 持續進行4～5分鐘「將麵團對折，揉成一團、壓平」的作業[g]，最後把麵團揉圓[h]。

a

b

c

d

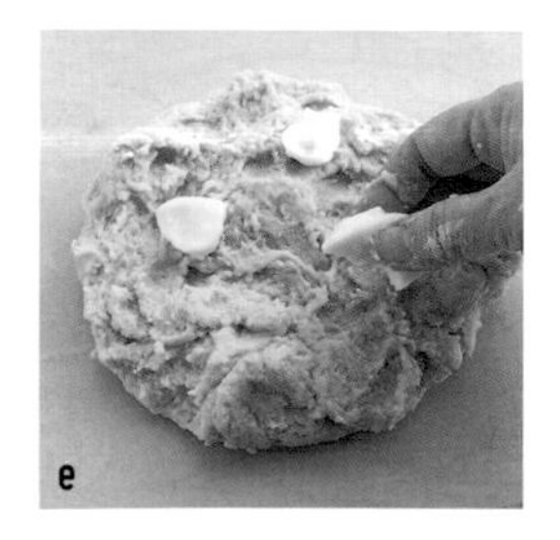
e

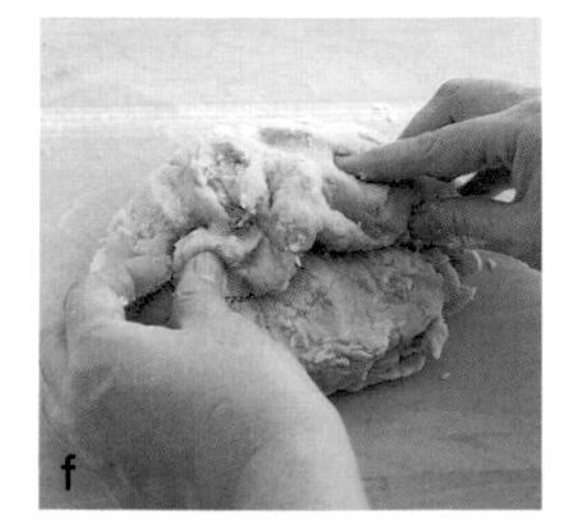
f

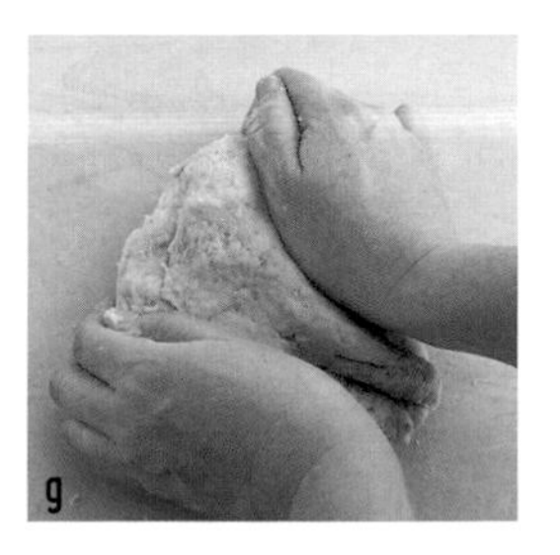
g

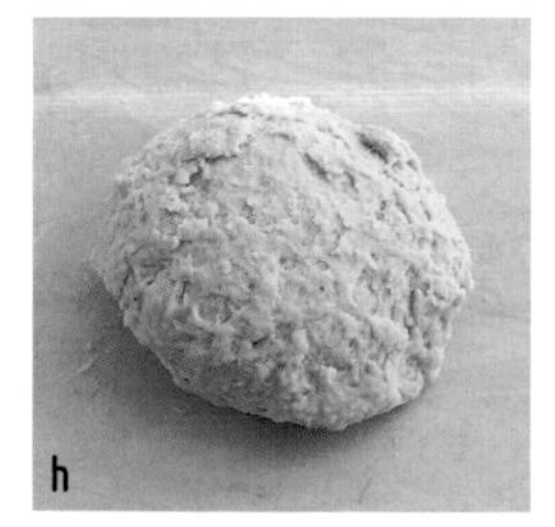
h

基本減醣麵包

■ 作法（接續前一頁）

8. 將**7**放入缽盆後覆蓋上保鮮膜，靜置在溫暖的地方★1小時左右進行一次發酵。隨著發酵的進行，麵團的表面會變光滑[i]。
   ※基本減醣麵包的作法到此為止，從**9**開始可以自由變化出不同的形狀。
9. 取出麵團放在撒有手粉的工作台上，輕輕壓出內部的空氣後分成6等分[j]。接著覆蓋上保鮮膜醒麵10分鐘左右（Bench Time）。
10. 對折麵團後，將麵團的邊緣往內側按壓收攏[k]。
11. 用手指捏緊接合處[l]，在工作台上來回滾動麵團直到接合處密合。剩下的麵團也以相同方式處理。
12. 用擀麵棍擀成直徑約8cm的圓形[m]。
13. 將麵團排放在烤盤上，用保鮮膜覆蓋後，靜置在溫暖的地方★30～40分鐘進行二次發酵，直到麵團膨脹成約2倍大[n]。
14. 將**A**仔細拌勻後，用刷子塗在麵團的表面[o]。接著撒上芝麻[p]，放入180度的烤箱中烤15分鐘左右。
15. 烤好後，放到網架上冷卻。放入保鮮袋中，可保存3～4天。

★發酵溫度為30度左右，夏季只要置於室溫下即可。
其他季節可運用烤箱的發酵功能，或是放在保溫中的飯鍋上、可以照到太陽的窗邊等處。

Soft & Light Bread without Flour ARRANGE 1

法式短棍麵包（p.32照片中央）

將基本減醣麵包變化成法式短棍麵包。

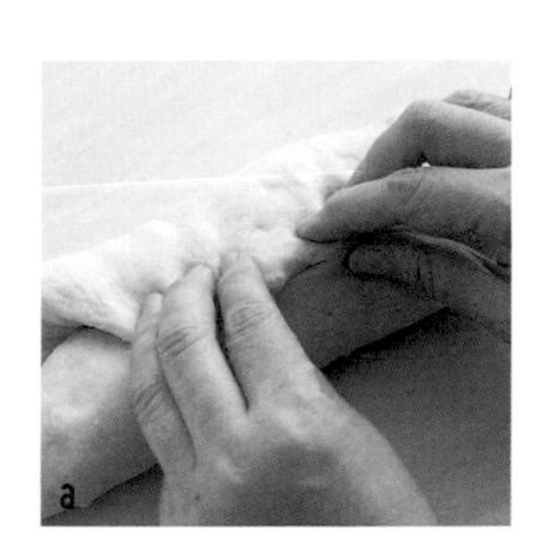

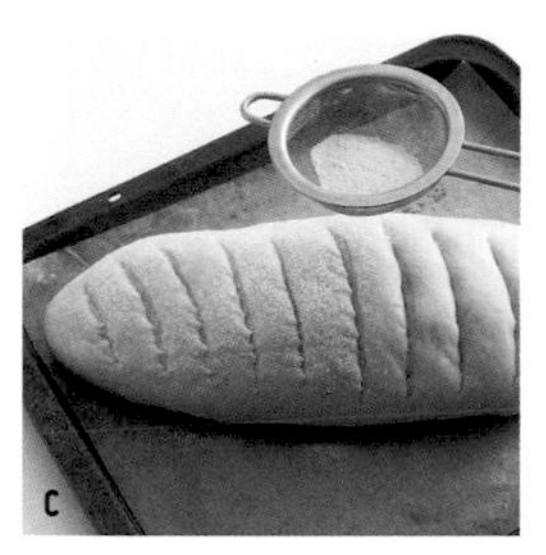

■ 材料[6人份，1條]

基本減醣麵包麵團（p.33）的全部分量

■ 事前準備

- 烤箱預熱至180度。

■ 作法

1. 依照p.33～34的步驟製作麵團。完成[i]的狀態後，取出麵團放在撒有手粉的工作台上，輕輕壓出內部的空氣。覆蓋上保鮮膜醒麵10分鐘左右（Bench Time）。
2. 將麵團用擀麵棍擀成20×25cm的橢圓形後，從邊端開始捲起。捲好後，用手指把收口處捏緊[a]，接著以雙手輕輕滾動麵團，整形成長度約22cm的棒狀。
3. 將麵團排放在烤盤上，用保鮮膜覆蓋後，靜置在溫暖的地方★30～40分鐘進行二次發酵，直到麵團膨脹成約2倍大。接著用刀子在表面斜向劃出數條2cm深的切痕[b]。
4. 用刷子在麵團表面塗上少量的水，再以濾茶器撒上潤飾用的小麥蛋白粉[c]。放入200度的烤箱中烤10分鐘，調降至180度再烤15分鐘左右。

Soft & Light Bread without Flour ARRANGE 2

英式吐司（p.32照片後方）

將基本減醣麵包變化成英式吐司。

■ 材料[6人份，9×10×高19.5cm的吐司模1條]

基本減醣麵包麵團（p.33）的1.5倍分量

■ 事前準備

- 在模具內側塗上薄薄一層奶油（分量外）後，撒上小麥蛋白粉（分量外），並將多餘的粉抖落。
- 烤箱預熱至180度。

■ 作法

1. 依照p.33～34的步驟製作麵團。完成[i]的狀態後，取出麵團放在撒有手粉的工作台上，輕輕壓出內部的空氣。分成3等分後，覆蓋上保鮮膜醒麵10分鐘左右（Bench Time）。
2. 對折麵團後，將麵團的邊緣往內側折入並揉圓。接著用擀麵棍擀成18×12cm的橢圓形，折三折後旋轉90度，再折三折。
3. 用手指把接合處捏緊，來回滾動麵團使接合處密合後，將接合處朝下放入吐司模中[a]。用保鮮膜覆蓋後，靜置在溫暖的地方★30～40分鐘進行二次發酵，直到麵團膨脹成約2倍大。
4. 放入180度的烤箱中烤10分鐘，調降至170度再烤20分鐘。

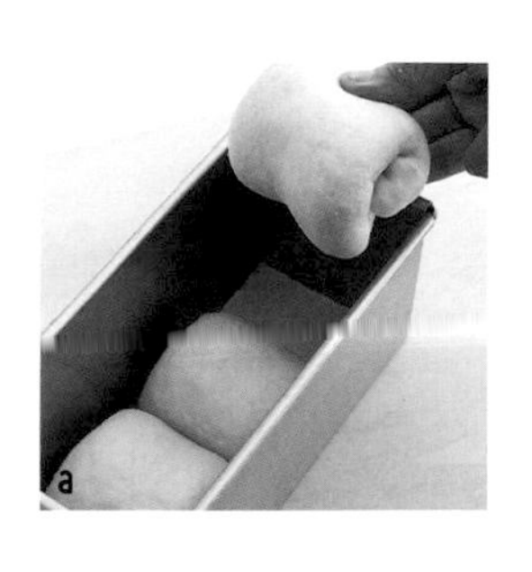

★發酵溫度為30度左右，夏季只要置於室溫下即可。
其他季節可運用烤箱的發酵功能，或是放在保溫中的飯鍋上、可以照到太陽的窗邊等處。

Tuna Mayonnaise Bread

鮪魚美乃滋麵包

鮪魚與美乃滋都是高蛋白的減醣食材。
建議選擇鹹味適中且帶有鮮味的油漬鮪魚。

■ 材料[8個份]

基本減醣麵包麵團（p.33）的全部分量
鮪魚罐頭（135g）••• 2罐
洋蔥 ••• ¼顆
美乃滋 ••• 適量
切碎的荷蘭芹 ••• 適量

■ 事前準備

- 在烤盤上鋪烘焙紙。
- 烤箱預熱至180度。

■ 作法

1. 依照p.33～34的步驟製作麵團。完成[i]的狀態後，取出麵團放在撒有手粉的工作台上，輕輕壓出內部的空氣。分成8等分後，覆蓋上保鮮膜醒麵10分鐘左右（Bench Time）。
2. 對折麵團後，用手指把接合處捏緊並揉圓，用擀麵棍擀成直徑約10cm的圓形[a]。接著排放在烤盤上，用手指在中央壓出一個凹洞[b]。
3. 洋蔥切成粗末後瀝乾水分，加入瀝乾油分並剝散的鮪魚攪拌混合，接著擺放在2的凹洞中[c]。
4. 將麵團排放在烤盤上，用保鮮膜覆蓋後，靜置在30～35度的環境下30～40分鐘進行二次發酵，直到麵團膨脹成約2倍大。
5. 擠上美乃滋後，放入180度的烤箱中烤15分鐘左右，最後撒上荷蘭芹。

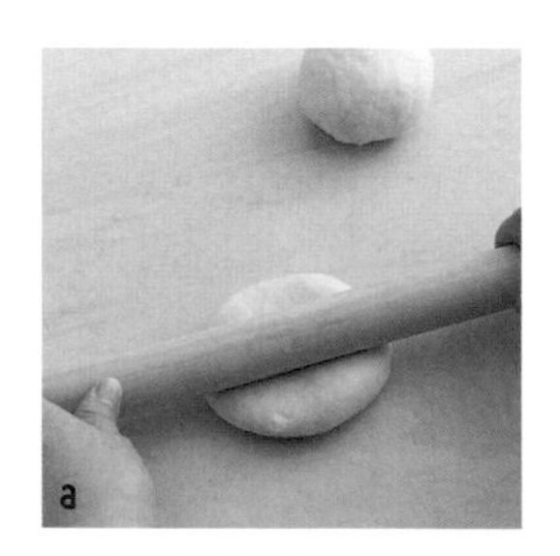

a
減醣麵包的麵團具有彈性，靜置一段時間後會回縮，這時再用擀麵棍擀平2～3次即可。

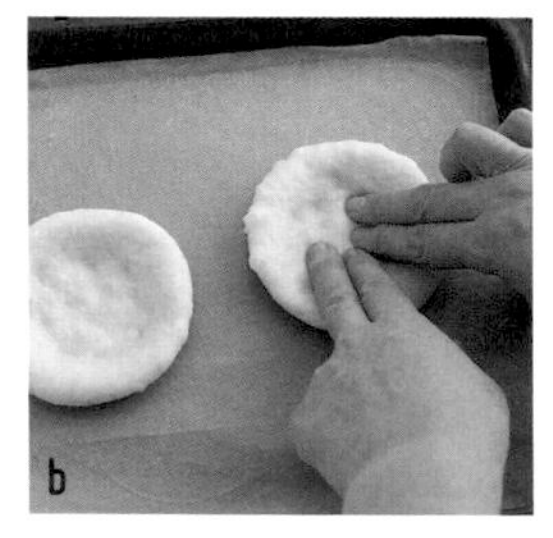

b
要做出擺放餡料的凹洞時，請以雙手的指腹用力按壓。

c
麵團完成二次發酵後會膨脹，這時將不容易擺上餡料，所以請在二次發酵之前放上鮪魚與洋蔥。

醣質
（1個）
3.2g

醣質（1個）2.4g

醣質（1個）5.4g

Pigs in Blanket

熱狗麵包（後）

Bread with Meat Sauce & Egg

番茄肉醬雞蛋麵包（前）

這兩款分量十足的鹹麵包，對減肥中的人來說，
肯定有相當高的吸引力。同樣是用基本麵團來變化。

熱狗麵包

■ 材料[10個份]

基本減醣麵包麵團（p.33）的⅔分量

熱狗（粗條）••• 10條

披薩專用乳酪絲 ••• 適量

■ 事前準備

- 在烤盤上鋪烘焙紙。
- 烤箱預熱至180度。

■ 作法

1. 依照p.33～34的步驟製作麵團。完成[i]的狀態後，取出麵團放在撒有手粉的工作台上，輕輕壓出內部的空氣。分成10等分後，覆蓋上保鮮膜醒麵10分鐘左右（Bench Time）。
2. 對折麵團後，用手指把接合處捏緊並揉圓。接著用雙手把麵團滾成約30cm長的棒狀[a]。
3. 用2繞著熱狗捲起[b]，並讓起始點與收口處都朝下擺放在烤盤上。
4. 用保鮮膜覆蓋後，靜置在30～35度的環境下30～40分鐘進行二次發酵，直到麵團膨脹成約2倍大。
5. 撒上披薩專用乳酪絲，放入180度的烤箱中烤10分鐘左右。

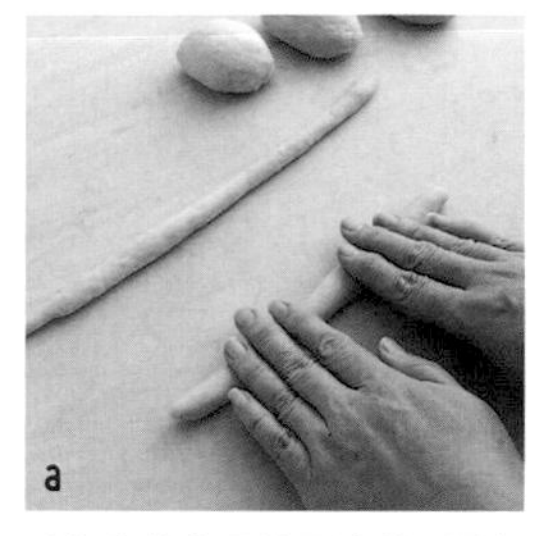

以指腹的力量按壓滾動，過程中也可以拉扯麵團的兩端。

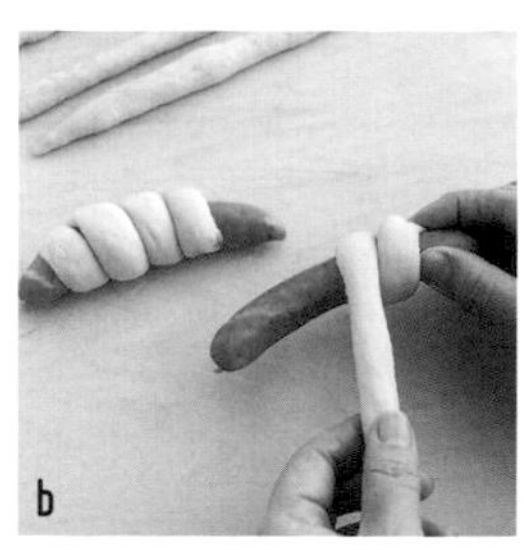

包捲時要讓起始點與收口處位於同一面，一邊不時拉扯麵團調整形狀。捲完後，讓起始點與收口處都朝下擺放。

番茄肉醬雞蛋麵包

■ 材料[6個份]

基本減醣麵包麵團（p.33）的全部分量

番茄肉醬（市售）••• 全部分量

雞蛋 ••• 3顆

帕瑪森乳酪 ••• 適量

■ 事前準備

- 雞蛋水煮後剝殼，切成一半。
- 在烤盤上鋪烘焙紙。
- 烤箱預熱至180度。

■ 作法

1. 依照p.33～34的步驟製作麵團。完成[i]的狀態後，取出麵團放在撒有手粉的工作台上，輕輕壓出內部的空氣。分成6等分後，覆蓋上保鮮膜醒麵10分鐘左右（Bench Time）。
2. 對折麵團後，用手指把接合處捏緊並揉圓。接著用擀麵棍擀成12×8cm的橢圓形。排放在烤盤上，用手指在中央壓出一個凹洞[a]。
3. 取⅙的番茄肉醬擺放在凹洞中，接著依序放上水煮蛋[b]、撒上帕瑪森乳酪。
4. 將麵團排放在烤盤上，用保鮮膜覆蓋後，靜置在30～35度的環境下30～40分鐘進行二次發酵，直到麵團膨脹成約2倍大。
5. 放入180度的烤箱中烤15分鐘左右。

由於減醣麵包的麵團十分富有彈性，只要以指腹用力壓出凹洞，就可以做出漂亮的形狀。

肉和雞蛋都是幾乎不含醣質的食材，大量攝取也不用擔心。

Fried Curry Bread

酥炸咖哩麵包

連炸麵包都用減醣食材製作，就能夠大幅降低醣質。
可以同時享受現炸的酥脆口感與香辣的咖哩風味。

■ 材料[6個份]

基本減醣麵包麵團（p.33）的全部分量
牛豬混合絞肉 ••• 200g
洋蔥 ••• ¼顆
胡蘿蔔 ••• 10cm
咖哩粉、橄欖油 ••• 各1大匙
A｜伍斯特醬、帕瑪森乳酪 ••• 各1大匙
　｜番茄罐頭（整顆）••• 10g
鹽、胡椒 ••• 各少許
炸油 ••• 適量

■ 事前準備

- 將洋蔥與胡蘿蔔切成粗末。
- 在鍋中倒入橄欖油燒熱，下洋蔥、胡蘿蔔與咖哩粉拌炒。等洋蔥變透明後放入絞肉炒熟，再加入A煮至收乾。最後用鹽與胡椒調味，放涼[a]。
- 在烤盤上鋪烘焙紙。

■ 作法

1. 依照p.33～34的步驟製作麵團。完成[i]的狀態後，取出麵團放在撒有手粉的工作台上，輕輕壓出內部的空氣。分成6等分後，覆蓋上保鮮膜醒麵10分鐘左右（Bench Time）。
2. 對折麵團後，用手指把接合處捏緊並揉圓。接著用擀麵棍擀成14×12cm的橢圓形，擺上準備好的咖哩餡。在麵皮邊緣塗上少許的水[b]，整形成橄欖球狀[c]。
3. 將麵團排放在烤盤上，用保鮮膜覆蓋後，靜置在30～35度的環境下30～40分鐘進行二次發酵，直到麵團膨脹成約2倍大。
4. 將炸油燒熱至180度後，放入麵團炸至酥脆[d]。

a
只要咖哩的湯汁徹底收乾並完全放涼，在包入餡料時就會很順手。

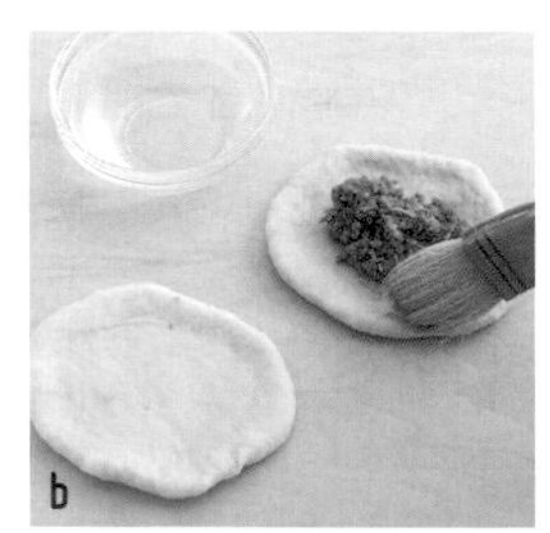
b
將咖哩餡擺放在中央，並用刷子在麵皮的邊緣塗上水。要把接合處確實捏緊，油炸時才不會裂開。

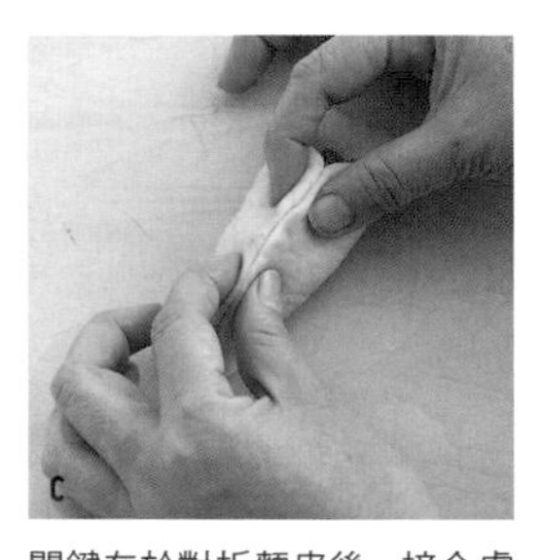
c
關鍵在於對折麵皮後，接合處要從兩邊用手指確實捏緊。

d
減醣麵包的顏色會比一般麵包還要來得深，請炸到確實上色為止。

醣質
（1個）
6.1g

Walnut Bread

核桃麵包

核桃中富含維生素B_1，可以把體內的醣質轉換成能量。
這道食譜加入小麥麩皮粉做成德式風味麵包。

醣質（1人份，1/8條）2.5g

■ 材料[25×14cm的大小1條份]

〈麵團〉
生黃豆粉 ••• 100g
小麥蛋白粉（麩粉）••• 70g
小麥麩皮粉 ••• 20g
鹽 ••• ½小匙
乾酵母粉 ••• 3g
羅漢果代糖（顆粒）••• 1大匙
水 ••• 170mℓ
奶油（無鹽）••• 10g
核桃（無鹽）••• 40g
手粉（小麥蛋白粉）••• 適量

〈潤飾用〉
小麥麩皮粉 ••• 適量

■ 事前準備

- 將奶油置於室溫下回軟，核桃切成粗粒[a]。
- 在烤盤上鋪烘焙紙。
- 烤箱預熱至200度。

■ 作法

1. 將生黃豆粉、小麥蛋白粉與小麥麩皮粉倒在網篩上，用湯匙邊攪拌邊過篩至缽盆中，加入鹽、乾酵母粉與羅漢果代糖，用湯匙大致拌勻。
2. 在中央挖一個凹洞後，一口氣倒入所有的水。用叉子慢慢挖取周圍的粉類往中央混合，讓水分遍布整體，直到材料聚攏成團。
3. 取出麵團放在工作台上，輕輕揉捏後放上撕成小塊的奶油，揉捏4～5分鐘。接著用掌心壓平，放上核桃後，將麵皮邊緣往中央折起蓋住部分核桃，用手揉捏混合[b]。
4. 將麵團放入缽盆中，用保鮮膜覆蓋後，靜置在30～35度的環境下約1小時進行一次發酵。
5. 取出麵團放在撒有手粉的工作台上，輕輕壓出內部的空氣。接著蓋上擰乾的溼布，醒麵10分鐘左右（Bench Time）[c]。
6. 取出麵團放在工作台上，用擀麵棍擀成23×20cm的橢圓形後，從邊端開始捲起。捲好後，用手指把收口處捏緊，接著以雙手輕輕滾動麵團，整形成橄欖球狀[d]。
7. 將麵團排放在烤盤上，用保鮮膜覆蓋後，靜置在30～35度的環境下30～40分鐘進行二次發酵，直到麵團膨脹成約2倍大。
8. 用刀子在麵團表面劃出格紋後，刷上少量的水，再撒上潤飾用的小麥麩皮粉。放入200度的烤箱中烤10分鐘，調降至170度再烤15分鐘左右。

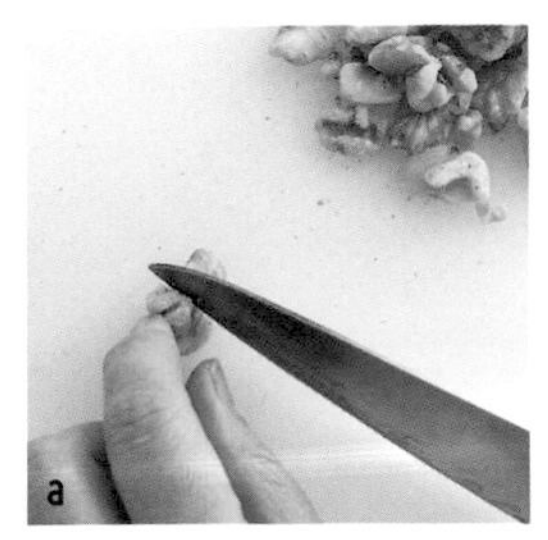
a
核桃不要切得太碎，才能享受咀嚼的口感與風味。

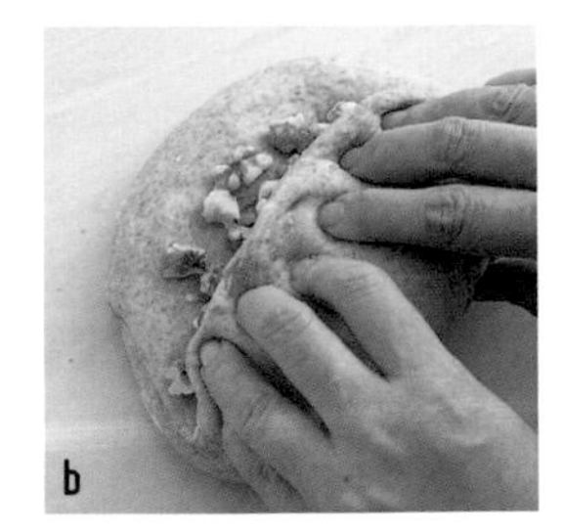
b
要確實地揉捏麵團，以免核桃分布不均勻。

c
使用小麥麩皮粉製作的麵團在進行醒麵時，特別重要的是要避免乾燥。

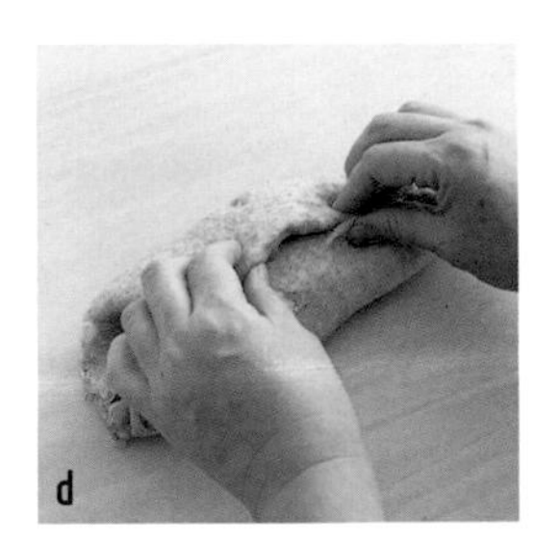
d
捲好後，要用手指確實捏緊收口處。如果快要散開的話，就用刷子塗上一點水捏緊即可。

Black Sesame Bread

黑芝麻麵包

芝麻富含的特有成分「芝麻木酚素」，可以擊退造成老化的活性氧。多酚的含量也很豐富，同樣能夠防止老化。

■ 材料[6個份]

〈麵團〉
生黃豆粉 ••• 100g
小麥蛋白粉（麩粉）••• 50g
杏仁粉 ••• 50g
鹽 ••• ½小匙
乾酵母粉 ••• 3g
羅漢果代糖（顆粒）••• 1大匙
水 ••• 170mℓ
奶油（無鹽）••• 10g
磨碎的黑芝麻 ••• 20g
手粉（小麥蛋白粉）••• 適量
〈潤飾用〉
炒過的黑芝麻 ••• 適量

■ 事前準備

- 將奶油置於室溫下回軟。
- 在烤盤上鋪烘焙紙。
- 烤箱預熱至180度。

■ 作法

1. 將生黃豆粉、小麥蛋白粉、磨碎的黑芝麻、杏仁粉倒在網篩上，用湯匙邊攪拌邊過篩至缽盆中[a]。
2. 加入鹽、乾酵母粉與羅漢果代糖，用湯匙大致拌勻。
3. 在中央挖一個凹洞後，一口氣倒入所有的水。用叉子慢慢挖取周圍的粉類往中央混合，讓水分遍布整體，直到材料聚攏成團。
4. 取出麵團放在工作台上，輕輕揉捏後放上撕成小塊的奶油，揉捏4～5分鐘，揉成圓球狀。
5. 將麵團放入缽盆中，用保鮮膜覆蓋後，靜置在30～35度的環境下約1小時進行一次發酵。
6. 取出麵團放在撒有手粉的工作台上，輕輕壓出內部的空氣。分成6等分後，覆蓋上保鮮膜醒麵10分鐘左右（Bench Time）。
7. 對折麵團後，用手指把接合處捏緊。接著用雙手把麵團滾成15cm長的棒狀[b]，拿起兩端交叉打結[c]。
8. 將麵團排放在烤盤上，用保鮮膜覆蓋後，靜置在30～35度的環境下30～40分鐘進行二次發酵，直到麵團膨脹成約2倍大。
9. 用刷子在麵團表面塗上少量的水後，撒上潤飾用的芝麻[d]。放入180度的烤箱中烤15分鐘左右。

將磨碎的黑芝麻與粉類一起倒入網目較粗的網篩中過篩，就能混合均勻。大顆的黑芝麻碎粒會留在網篩上，這些也要倒入缽盆中。

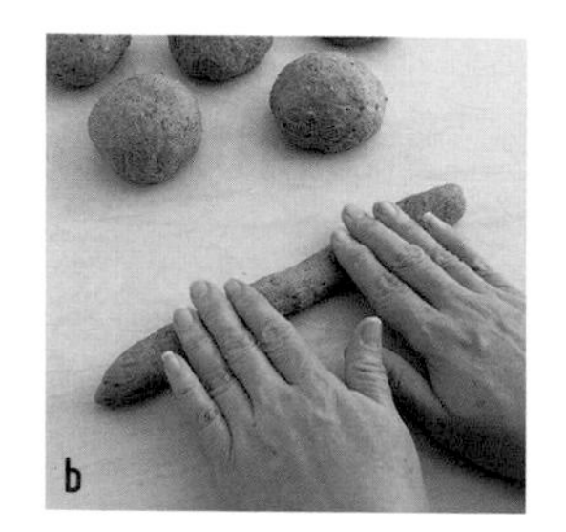

訣竅在於以指腹的力量按壓滾動。過程中也可以拉扯麵團的兩端。

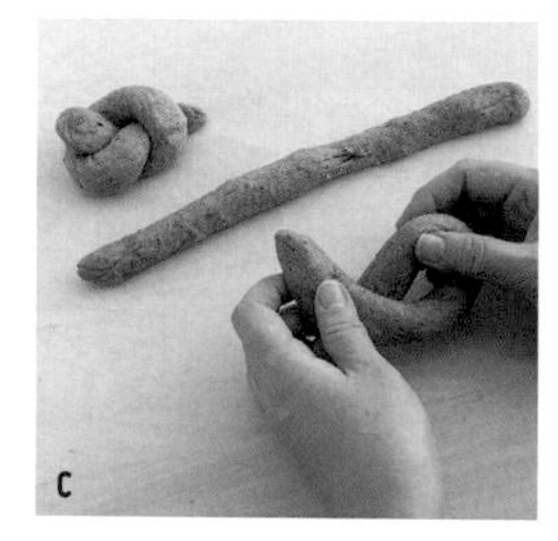

拿起麵團的兩端，將左端穿過右端形成的圈中，用力拉緊，打成一個結。

在表面也撒上芝麻，不但可增添視覺焦點，還能散發香氣。

醣質
（1個）
3.1g

Butter Roll

奶油麵包捲

使用與基本減醣麵包相同的粉類，
不過用雞蛋與牛奶取代水，揉出濃郁的滋味。

醣質（1個）｜3.6g

■ 材料[8個份]

〈麵團〉
生黃豆粉 ••• 120g
小麥蛋白粉(麩粉) ••• 90g
杏仁粉 ••• 30g
鹽 ••• ½小匙
乾酵母粉 ••• 3g
羅漢果代糖(顆粒) ••• 2大匙
雞蛋 ••• 1顆
牛奶 ••• 150mℓ
奶油(無鹽) ••• 20g
手粉(小麥蛋白粉) ••• 適量

〈潤飾用〉
蛋液、牛奶 ••• 各適量

■ 事前準備

- 將雞蛋置於室溫下退冰,打散後加入牛奶混合。
- 將奶油置於室溫下回軟。
- 在烤盤上鋪烘焙紙。
- 烤箱預熱至180度。

■ 作法

1. 將生黃豆粉、小麥蛋白粉、杏仁粉倒在網篩上,用湯匙邊攪拌邊過篩至缽盆中。
2. 加入鹽、乾酵母粉與羅漢果代糖,用湯匙大致拌勻。
3. 在中央挖一個凹洞後,一口氣倒入所有的蛋液[a]。用叉子慢慢挖取周圍的粉類往中央混合,讓蛋液遍布整體,直到材料聚攏成團。
4. 取出麵團放在工作台上,輕輕揉捏後放上撕成小塊的奶油,參照p.33揉捏4～5分鐘,揉成圓球狀。
5. 將麵團放入缽盆中,用保鮮膜覆蓋後,靜置在30～35度的環境下約1小時進行一次發酵。
6. 取出麵團放在撒有手粉的工作台上,輕輕壓出內部的空氣。分成8等分後,覆蓋上保鮮膜醒麵10分鐘左右(Bench Time)。
7. 對折麵團後,用手指把接合處捏緊並揉圓,整形成水滴狀[b]。將麵團用擀麵棍擀平後,一邊拉扯較細的一端,一邊擀成三角形[c]。
8. 從底邊開始捲起[d],一邊捲一邊調整形狀,讓收口處朝下。
9. 將麵團排放在烤盤上,用保鮮膜覆蓋後,靜置在30～35度的環境下30～40分鐘進行二次發酵,直到麵團膨脹成約2倍大。
10. 將潤飾用的蛋液與牛奶混合,用刷子塗在麵團的表面。放入180度的烤箱中烤15分鐘左右。

a
奶油與羅漢果代糖的使用量是基本減醣麵包的2倍。這款麵包不僅以牛奶代替水,還加了雞蛋,在醣質量差不多的情況下,滋味會更濃郁。

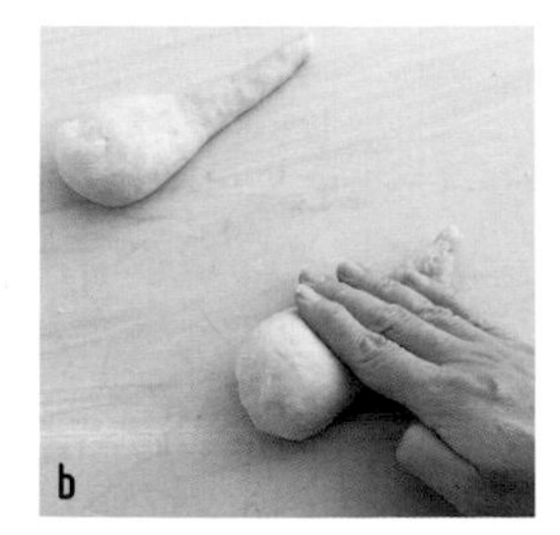
b
參照p.34的[l]、[m]揉圓後,用手滾動麵團的一側,整形成水滴狀。

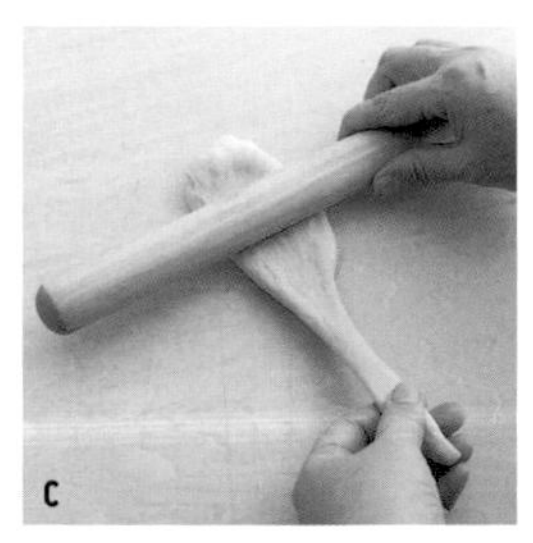
c
將較細的一端朝向自己的方向拉扯,用擀麵棍擀往較粗的那一端。

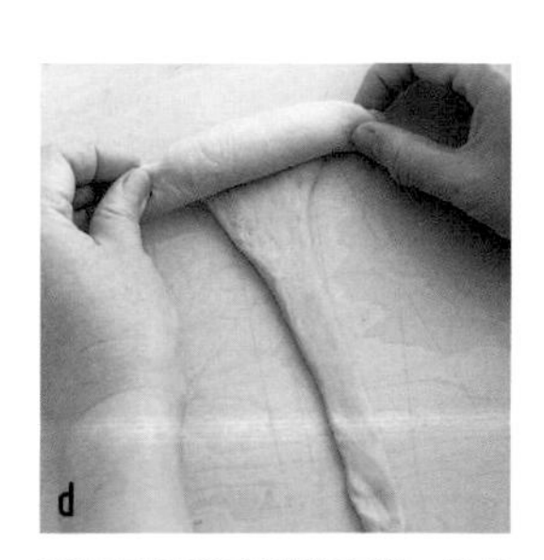
d
手持三角形底邊的兩端,往自己的方向捲起。捲好後,用手指壓住收口處,小心不要弄破麵皮,讓收口處朝下排放在烤盤上。

Wheatbran Bread

小麥麩皮粉麵包

→作法p.50

醣質（1人份，⅛條） 4.3g

Croissant

可頌麵包

→作法p.52

醣質（1個）｜1.5g

Wheatbran Bread

小麥麩皮粉麵包

黑麥與全麥麵粉可以做出像德式麵包的厚實口感。
因為使用了麩粉，就算揉麵的時間不長也不怕失敗。

■ 材料[8人份，1條]

A | 小麥麩皮粉 ••• 100g
杏仁粉 ••• 50g
生黃豆粉 ••• 50g
麩粉 ••• 50g

B | 乾酵母粉 ••• 6g
鹽 ••• ¾小匙
羅漢果代糖（顆粒） ••• 18g

水 ••• 220mℓ

奶油（含鹽） ••• 5g

■ 事前準備

- 將桌子、調理台等用來揉麵的工作台擦乾淨。
- 將奶油切成寬5～6mm的條狀後，放進冰箱冷藏。
- 在缽盆中倒入A，用打蛋器拌入空氣的同時，把結塊攪散[a]。
- 在烤盤上鋪烘焙紙。

■ 作法

1. 取出間隔，將B倒入裝有A的缽盆中，注意不要互相混合[b]。
2. 一口氣倒入所有的水後[c]，用手快速攪拌[d]。等水分遍布整體、材料聚攏成團後[e]，取出麵團放在工作台上。
3. 將麵團往上下擀開後折起，重複此步驟一次，接著用手揉捏3分鐘左右[f]。等麵團聚攏後揉成圓球狀[g]，整體撒滿薄薄一層的小麥麩皮粉（分量外）。
4. 將麵團放入缽盆中，用保鮮膜覆蓋後，靜置在約30度的溫暖環境下90分鐘進行一次發酵[h][i]。
5. 取出麵團放在撒有手粉的工作台上，在手上沾取少量的小麥麩皮粉（分量外），輕輕揉捏麵團，藉此壓出內部的空氣[j]。
6. 整形成20×12cm的長橢圓形[j]擺放在烤盤上，用保鮮膜覆蓋後，靜置在約30度的溫暖環境下40分鐘進行二次發酵[k][l]。並趁這段期間將烤箱預熱至200度。
7. 用刀子在麵團中央縱向劃出一道約2cm深的切痕後[m]，夾入奶油[n]。放入200度的烤箱中烤30～35分鐘[o]，接著放到網架上冷卻[p]。

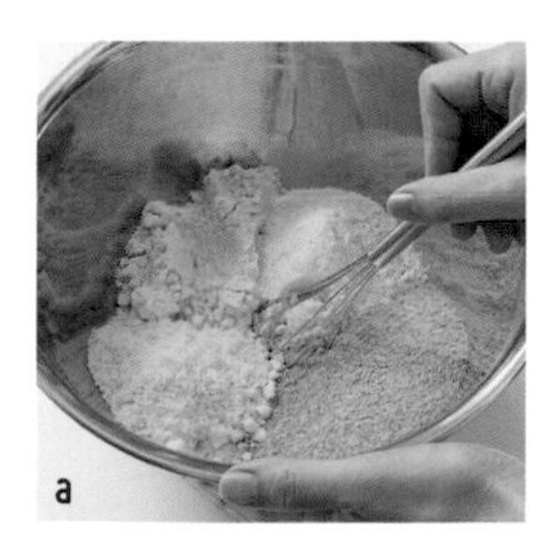

將小麥麩皮粉、杏仁粉、生黃豆粉、麩粉倒入缽盆中，用打蛋器拌入空氣的同時，把結塊攪散、混合均匀。

取出間隔，倒入乾酵母粉、鹽與羅漢果代糖。

一口氣倒入所有的水。由於麩粉的吸水力很強，可以讓粉類均匀地吸收水分。

倒入水後，立刻用手把水和粉類拌匀。

仔細混合攪拌，直到水分遍布整體、材料聚攏成團。呈現照片中的狀態時，取出麵團放在工作台上。

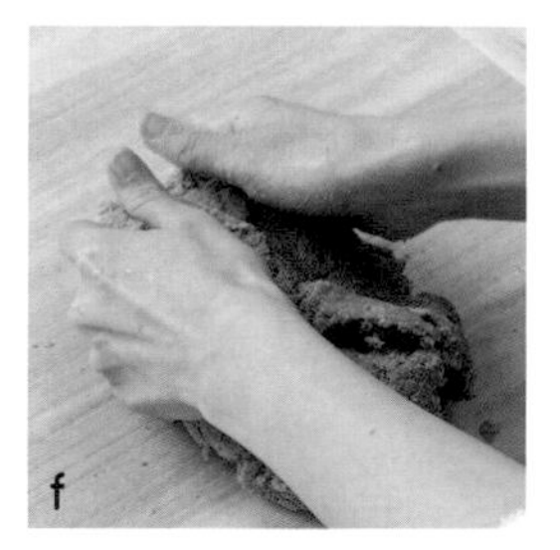

揉捏至麵團聚攏為止。力道太大的話，水分會無法與粉類融合，這點要特別留意。

揉捏約3分鐘後，將麵團盡量揉成圓球狀。

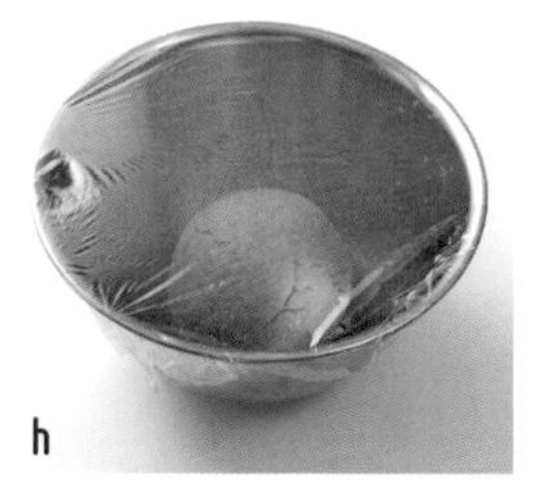

放入缽盆後覆蓋上保鮮膜，靜置在溫暖的地方★90分鐘進行一次發酵。

雖然小麥麩皮粉沒有辦法像麵粉一樣有很好的膨脹力，但是經過一次發酵後，麵團也能膨脹1.3～1.5倍。

取出麵團放在工作台上，在手上沾取少量的小麥麩皮粉（分量外），輕輕揉捏約30秒，藉此壓出內部的空氣，接著整形成20×12㎝的長橢圓形。

將麵團擺放在烤盤上，用保鮮膜覆蓋後，和[h]一樣，靜置在溫暖的地方約40分鐘進行二次發酵。

小麥麩皮粉的特徵之一就是膨脹力較弱，很難從麵團的外表來判斷發酵是否完成，因此時間到了就繼續下一個步驟。

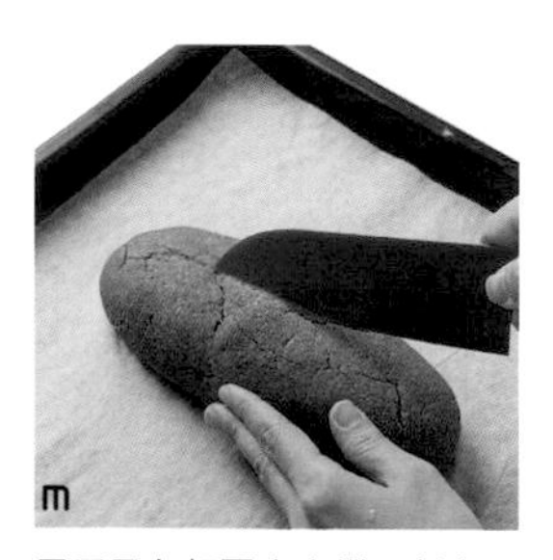

用刀子在麵團中央縱向劃出一道約2㎝深的切痕。

將切成細長條狀的奶油（事前準備）夾入切痕中。這道切痕能讓麵團順利膨脹，並且烘烤均匀。

利用二次發酵的時間將烤箱預熱至200度，接著放入麵團烤30～35分鐘。

烤好後放到網架上冷卻，放入密封性高的保鮮袋中，可保存約1週。

★發酵溫度為30度左右，夏季只要置於室溫下即可。其他季節可運用烤箱的發酵功能，或是放在保溫中的飯鍋上、可以照到太陽的地方等處。

Croissant

可頌麵包

酥脆的口感與奶油的香甜氣味。
令人垂涎三尺的可頌麵包，同樣也有減醣版本。

■ 材料[14個份]

〈麵團〉
生黃豆粉 ••• 120g
小麥蛋白粉（麩粉）••• 90g
杏仁粉 ••• 30g
鹽 ••• ½小匙
乾酵母粉 ••• 3g
羅漢果代糖（顆粒）••• 2大匙
水 ••• 240mℓ
奶油（無鹽）••• 10g
手粉（小麥蛋白粉）••• 適量
〈包折用〉
奶油（無鹽）••• 120g

■ 事前準備

- 將製作麵團用的奶油置於室溫下回軟。
- 在烤盤上鋪烘焙紙。
- 將包折用的奶油放入塑膠袋中，用擀麵棍敲打後，擀成邊長15cm的正方形[a]，接著放進冰箱冷藏。
- 烤箱預熱至200度。

■ 作法

1. 將生黃豆粉、小麥蛋白粉、杏仁粉倒在網篩上，用湯匙邊攪拌邊過篩至缽盆中。加入鹽、乾酵母粉與羅漢果代糖，用湯匙大致拌勻。
2. 在中央挖一個凹洞後，一口氣倒入所有的水。用叉子慢慢挖取周圍的粉類往中央混合，讓水分遍布整體，直到材料聚攏成團。
3. 取出麵團放在工作台上，輕輕揉捏後放上撕成小塊的奶油，繼續揉捏4～5分鐘，揉成圓球狀。
4. 將麵團放入缽盆中，用保鮮膜覆蓋後，靜置在30～35度的環境下約1小時進行一次發酵。
5. 將麵團直接放進冰箱冷藏30分鐘。
6. 取出麵團放在撒有手粉的工作台上，擀成直徑25cm左右的圓形。放上包折用的奶油後[b]，將4個角往中央折。要把麵皮的接合處確實捏緊，以免奶油跑出來[c]。
7. 將麵皮用擀麵棍擀成50×20cm的長方形[d]，折三折後[e]放入塑膠袋中，放進冰箱冷藏15分鐘左右。取出麵皮放在工作台上，用擀麵棍擀成50×20cm的長方形[f]，同樣折三折後，再次放進冰箱冷藏15分鐘左右。總共重複3次。
8. 將麵皮擀成30×40cm的長方形後[g]，切成14片底邊為8cm的等腰三角形[h]。在三角形的底邊劃出約1cm的切口[i]，把兩端往左右拉開後捲起[j]。一邊捲一邊調整形狀，讓收口處朝下[k]，排放在烤盤上[l]。
9. 用保鮮膜覆蓋後，靜置在30～35度的環境下30～40分鐘進行二次發酵，直到麵團膨脹成約2倍大[m]，接著放入200度的烤箱中烤15分鐘左右。

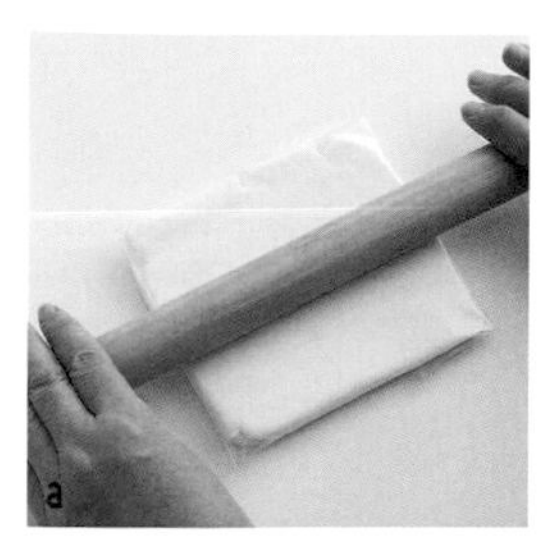

要將包折用的奶油擀開時，可以先放入堅固的塑膠袋中，這樣就算用擀麵棍敲打也不怕會破掉。

將冰涼的奶油放在麵皮中央。這裡的動作要快一點，以避免奶油在室溫下變軟。

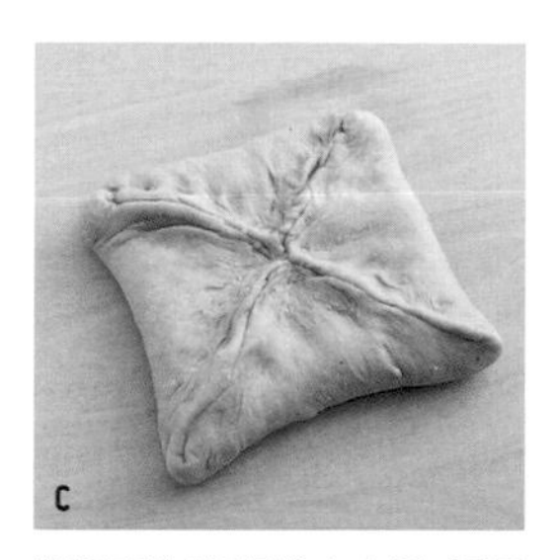

將麵皮的4個角往中央折。要用手指把接合處確實捏緊，以免擀麵皮時裂開。

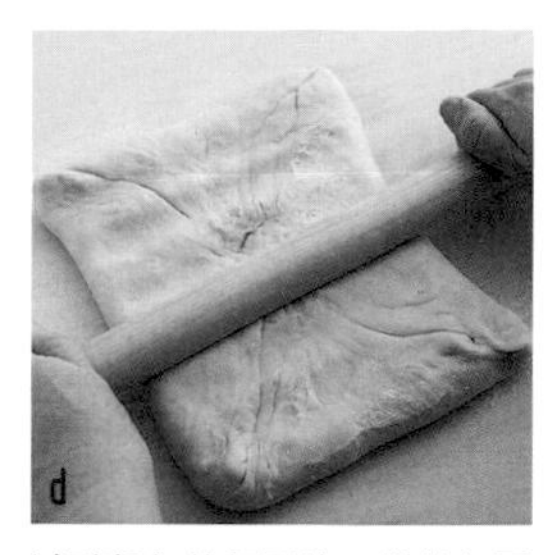

減醣麵包的麵團比一般的麵團富有彈性，所以不易裂開，就算大力擀開也沒問題。

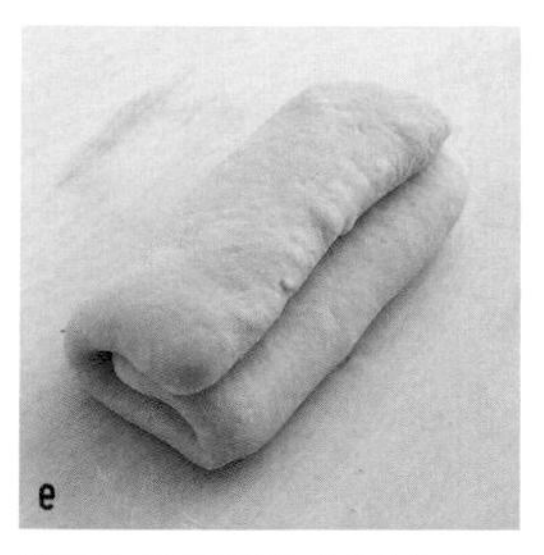

將麵皮折三折變成3層後拿去冷藏，不僅之後擀起來會更順手，奶油也不易融化。

折三折之後擀開，每重複一次這個步驟，麵皮的層次就會變成3倍。

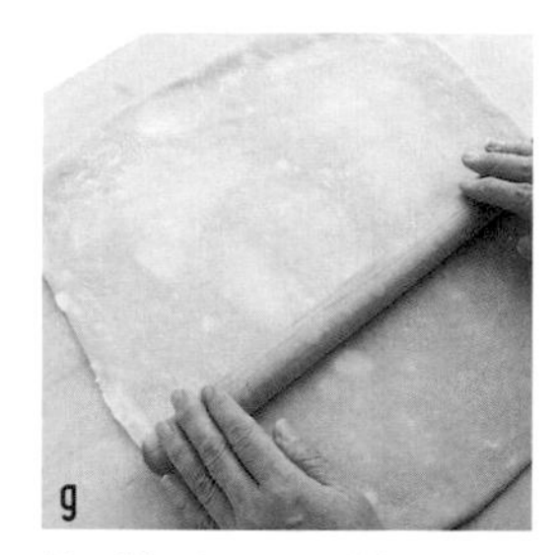

使用擀麵棍往外側擀開，擀成30×40cm的大長方形。只要縱橫交錯地擀開麵皮，就能變成漂亮的長方形。

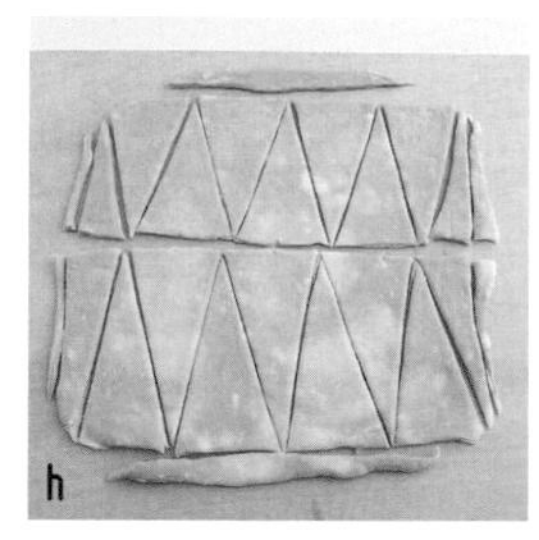

將麵皮的邊緣修掉，切出漂亮的長方形後，依照照片所示切片。這些等腰三角形的底邊均為8cm。

用刀子在等腰三角形的底邊劃出切口，這是可以做出漂亮尖角的訣竅。

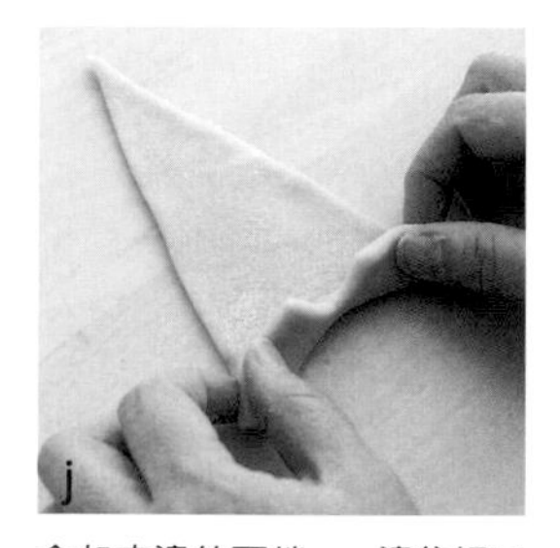

拿起底邊的兩端，一邊往切口的左右拉開，一邊捲起麵皮。

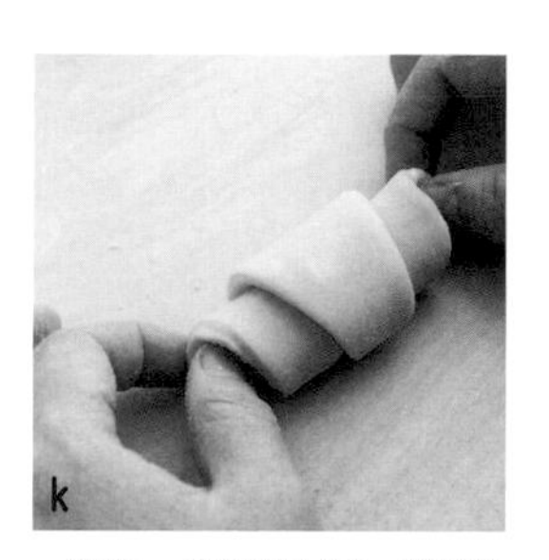

一邊捲一邊調整形狀，捲好後一定要讓收口處朝下。接著把兩端往內側彎曲，就能做出可頌麵包的形狀。

二次發酵會使麵團膨脹成約2倍，所以排放在烤盤上時要取出間隔，靜置30～40分鐘進行二次發酵。溫度太高會使奶油融化，所以夏季要將麵團放進冰箱發酵10～12小時。

二次發酵結束。

Chocolate Marble Bread

巧克力大理石吐司

在風味濃郁的麵皮中包入巧克力一起烘烤，
做出甜點般的吐司。巧克力片是用可可粉與奶油製作而成。

醣質
（1人份，1/6片）| 3.6g

■ 材料[12人份，8×6×高16.5cm的磅蛋糕模2條]

〈麵團〉
生黃豆粉 ••• 120g
小麥蛋白粉（麩粉）••• 80g
杏仁粉 ••• 40g
鹽 ••• ½小匙
乾酵母粉 ••• 3g
羅漢果代糖（顆粒）••• 2大匙
雞蛋 ••• 1顆
牛奶 ••• 150mℓ
奶油（無鹽）••• 30g
手粉（小麥蛋白粉）••• 適量

〈包折用的巧克力片〉
奶油（無鹽）••• 60g
可可粉 ••• 80g
羅漢果代糖（顆粒）••• 6大匙

■ 事前準備

- 將製作麵團用的奶油置於室溫下回軟。在磅蛋糕模中鋪烘焙紙。
- 製作包折用的巧克力片。將奶油放入耐熱容器中，用隔水加熱的方式融化。加入可可粉與羅漢果代糖仔細拌勻後，其中一半用保鮮膜包起，整形成10×10cm的正方形[a]。以相同的方法製作另外一片。
- 將雞蛋置於室溫下退冰，打散後加入牛奶混合。
- 烤箱預熱至180度。

■ 作法

1. 將生黃豆粉、小麥蛋白粉、杏仁粉倒在網篩上，用湯匙邊攪拌邊過篩至缽盆中。加入鹽、乾酵母粉與羅漢果代糖，用湯匙大致拌勻。
2. 在中央挖一個凹洞後，一口氣倒入所有的蛋液。用叉子慢慢挖取周圍的粉類往中央混合，讓蛋液遍布整體，直到材料聚攏成團。
3. 取出麵團放在工作台上，輕輕揉捏後放上撕成小塊的奶油，繼續揉捏4～5分鐘，揉成圓球狀。
4. 將麵團放入缽盆中，用保鮮膜覆蓋後，靜置在30～35度的環境下約1小時進行一次發酵。
5. 取出麵團放在撒有手粉的工作台上，輕輕壓出內部的空氣。分成2等分後，覆蓋上保鮮膜醒麵10分鐘左右（Bench Time）。
6. 對折麵團後，用手指把接合處捏緊並揉圓，用擀麵棍擀成16×16cm的正方形。放上包折用的巧克力片，要把麵皮的接合處確實捏緊，以免巧克力跑出來[b]。
7. 將麵皮用擀麵棍擀成15×18cm的長方形[c]，折成三折。重複2次後，用擀麵棍擀成15×20cm的長方形，從邊端開始捲起。
8. 切成3等分後，將斷面朝上放入磅蛋糕模中[d]。以相同的方法製作另一條吐司。
9. 靜置在30～35度的環境下30～40分鐘進行二次發酵，直到麵團膨脹成約2倍大。接著放入180度的烤箱中烤15分鐘左右。

a
先用保鮮膜包好再整形，就能做出漂亮的正方形。只要冰得夠硬，烤過後仍會保有巧克力塊的口感。

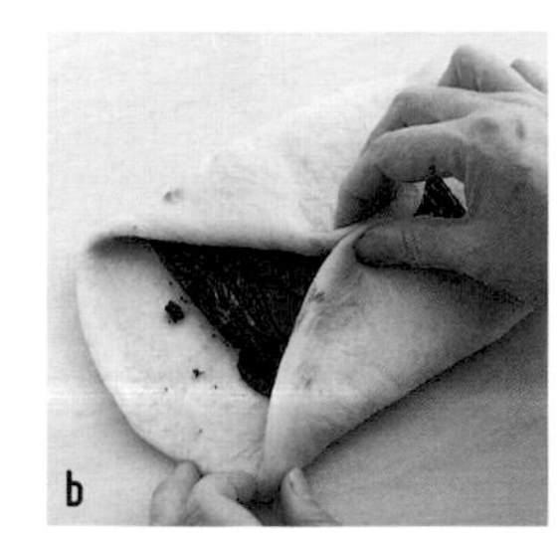
b
包折巧克力片的麵皮還要再擀過，所以要用手指把接合處確實捏緊，以免巧克力跑出來。

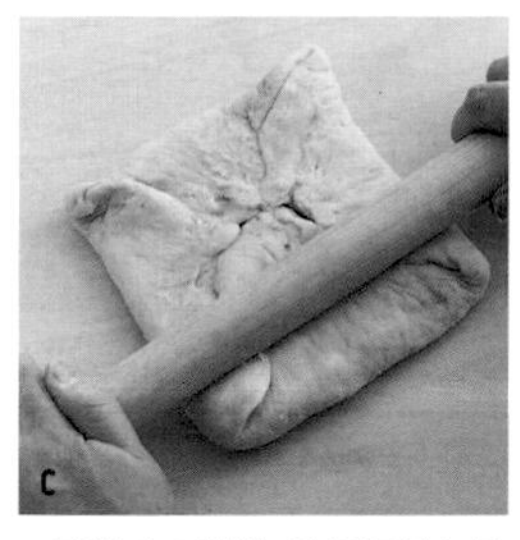
c
一開始先用擀麵棍輕輕敲打整體，這樣巧克力片與麵皮就會融合在一起，更易於擀開。開始擀麵皮時力道要放輕，然後慢慢加重力道仔細擀開。

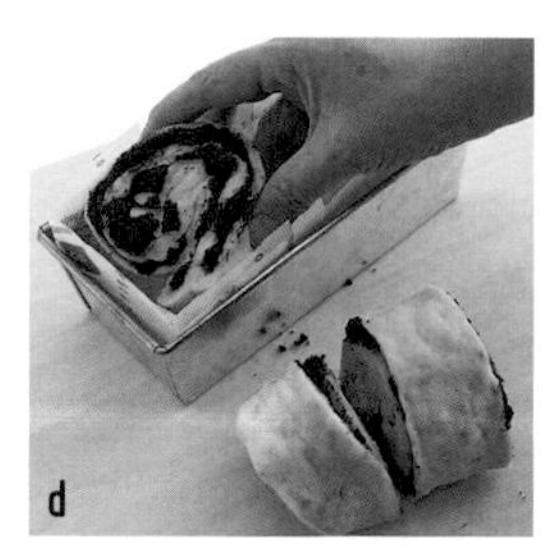
d
切成3等分後，將斷面朝上排放在模具中，讓巧克力片直接受熱，便能烤出香醇的味道。

醣質
（1個）

Cream Cheese Danish

奶油乳酪丹麥麵包

可同時享受清爽的酸味與乳製品的濃醇感，
正是奶油乳酪的魅力所在，每個人都會不禁愛上。

■ 材料[8個份]

〈麵團〉
生黃豆粉 ••• 120g
小麥蛋白粉(麩粉) ••• 90g
杏仁粉 ••• 30g
鹽 ••• ½小匙
乾酵母粉 ••• 3g
羅漢果代糖(顆粒) ••• 2大匙
雞蛋 ••• 1顆
牛奶 ••• 150mℓ
奶油(無鹽) ••• 20g
手粉(小麥蛋白粉) ••• 適量

〈包折用〉
奶油乳酪 ••• 200g
羅漢果代糖(顆粒) ••• 2大匙

〈潤飾用〉
蛋液 ••• 適量
杏仁片 ••• 適量

■ 事前準備

- 將雞蛋置於室溫下退冰，打散後加入牛奶混合。
- 將奶油、奶油乳酪置於室溫下回軟。
- 在烤盤上鋪烘焙紙。
- 烤箱預熱至180度。

■ 作法

1. 將生黃豆粉、小麥蛋白粉、杏仁粉倒在網篩上，用湯匙邊攪拌邊過篩至缽盆中。加入鹽、乾酵母粉與羅漢果代糖，用湯匙大致拌勻。
2. 在中央挖一個凹洞後，倒入蛋液。用叉子慢慢挖取周圍的粉類往中央混合，讓蛋液遍布整體，直到材料聚攏成團。
3. 取出麵團放在工作台上，輕輕揉捏後放上撕成小塊的奶油，繼續揉捏4～5分鐘，揉成圓球狀。
4. 將麵團放入缽盆中，用保鮮膜覆蓋後，靜置在30～35度的環境下約1小時進行一次發酵。
5. 取出麵團放在撒有手粉的工作台上，輕輕壓出內部的空氣。覆蓋上保鮮膜醒麵10分鐘左右(Bench Time)。
6. 將麵團用擀麵棍擀成24×28cm的長方形，塗滿奶油乳酪後，撒上羅漢果代糖[a]。
7. 將麵皮往前捲起[b]，捲好後用保鮮膜包覆，前後滾動使收口處確實密合，收口處要朝下擺放[c]。
8. 切成8等分的圓片[d]，放入烘焙紙杯後排放在烤盤上。用保鮮膜覆蓋後，靜置在30～35度的環境下30～40分鐘進行二次發酵，直到麵團膨脹成約2倍大。
9. 塗上蛋液後，撒上杏仁片。接著放入180度的烤箱中烤15分鐘左右。

a
羅漢果代糖要直接撒在奶油乳酪上，而非將兩者混在一起，這樣甜味會更明顯。

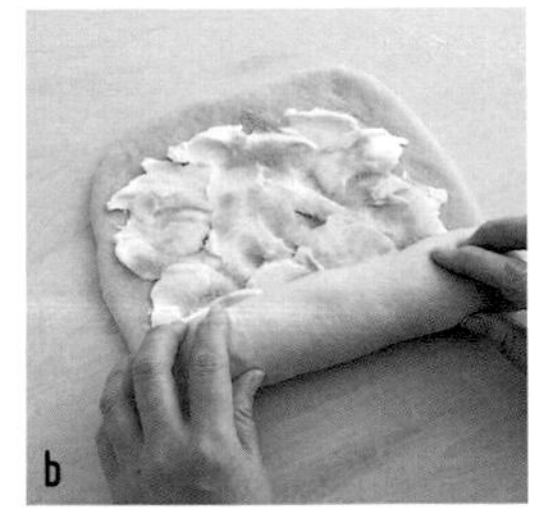
b
要將麵皮捲緊，烤好時才不會出現空洞。

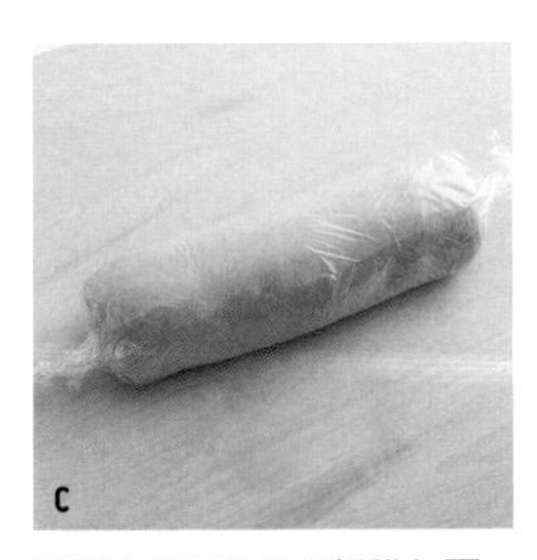
c
將麵皮捲好後用保鮮膜包覆，前後滾動使收口處密合時就不容易散開，可以做出漂亮的圓筒狀。

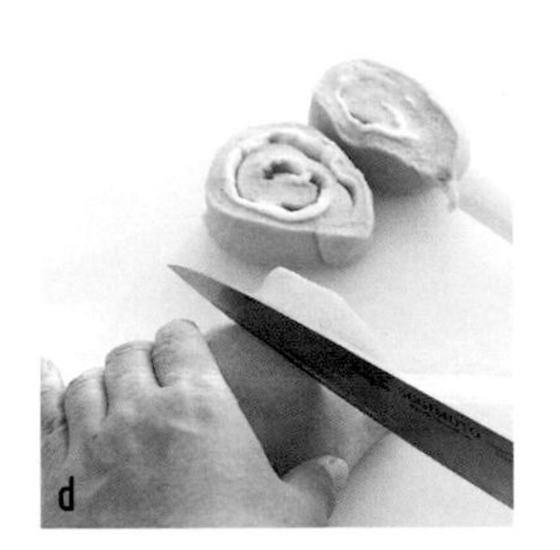
d
將收口處朝下擺放後切開。斷面形狀稍微變形也沒關係，因為二次發酵後會膨脹變圓，所以不用擔心。

Scone

司康

酥脆的口感與在口中化開的滋味極富魅力。

■ **材料[直徑6cm的大小8個份]**

生黃豆粉 ••• 120g
小麥蛋白粉（麩粉）••• 50g
杏仁粉 ••• 80g
泡打粉 ••• 2小匙
鹽 ••• 1小撮
羅漢果代糖（顆粒）••• 30g
奶油（無鹽）••• 60g
雞蛋 ••• 1顆
牛奶 ••• 100mℓ
手粉（小麥蛋白粉）••• 適量

■ **事前準備**

- 將奶油切成2cm的塊狀放入容器，覆蓋上保鮮膜後放進冰箱冷藏。
- 將雞蛋置於室溫下退冰，打散後加入牛奶混合。
- 在烤盤上鋪烘焙紙。
- 烤箱預熱至180度。

■ **作法**

1. 將生黃豆粉、小麥蛋白粉、杏仁粉、泡打粉倒在網篩上，用湯匙邊攪拌邊過篩至缽盆中。加入鹽與羅漢果代糖，用湯匙大致拌勻。
2. 加入奶油後，用指腹捏碎混合[a]，接著在中央挖一個凹洞，倒入蛋液[b]。
3. 用叉子慢慢挖取周圍的粉類往中央混合，讓蛋液遍布整體，直到材料聚攏成團。取出麵團放在工作台上，輕輕揉捏後放進冰箱冷藏。
4. 取出麵團放在撒有手粉的工作台上，用擀麵棍擀成2cm厚。用圓形模具切出形狀後排放在烤盤上，放入180度的烤箱中烤15～20分鐘。可依喜好附上果醬等。

用指腹捏碎奶油後，與粉類混合在一起。使用食物調理機會更方便快速，奶油也比較不容易融化。

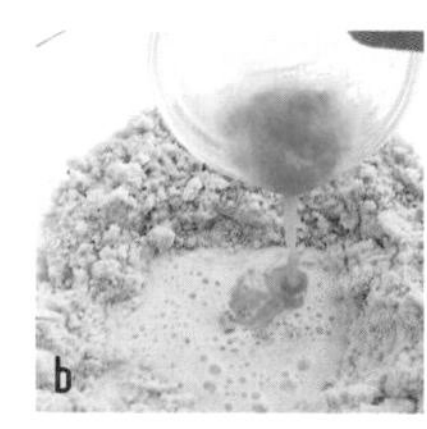

小麥蛋白粉的吸水力很強，所以倒入蛋液與牛奶後要快速拌勻，讓粉類均勻地吸收水分。

Cheese-Flavored Sticks

乳酪風味棒

帶有辛辣口感的乳酪風味棒。

■ 材料［長6cm的大小8條份］

生黃豆粉 ••• 50g
杏仁粉 ••• 50g
帕瑪森乳酪 ••• 2大匙
鹽 ••• ½小匙
雞蛋 ••• 1顆
辣椒粉、粗磨黑胡椒、帕瑪森乳酪（撒在表面用） ••• 各適量

■ 事前準備

- 將雞蛋置於室溫下退冰後打散。
- 在烤盤上鋪烘焙紙。
- 烤箱預熱至180度。

■ 作法

1. 將生黃豆粉、杏仁粉、帕瑪森乳酪與鹽倒入缽盆中，用叉子攪拌。加入蛋液後用叉子混合，直到材料聚攏成團［a］。
2. 將烘焙紙剪成18×30cm的長方形後鋪在工作台上，在中央擺放1。把烘焙紙的兩側往中央折起，蓋在麵團上，然後隔著烘焙紙用擀麵棍擀成約3cm的厚度［b］。
3. 放進冰箱醒麵30分鐘左右。
4. 將麵皮用擀麵棍擀成5mm厚，接著用刀子切成1cm寬的細長條狀［c］，排放在烤盤上，不要互相重疊。用刷子在表面塗上少量的水，再撒上辣椒粉、黑胡椒、帕瑪森乳酪，放入180度的烤箱中烤10～12分鐘。

粉類的分量用叉子就能輕易拌勻，攪拌至沒有粉類殘留就可以進行下一個步驟。

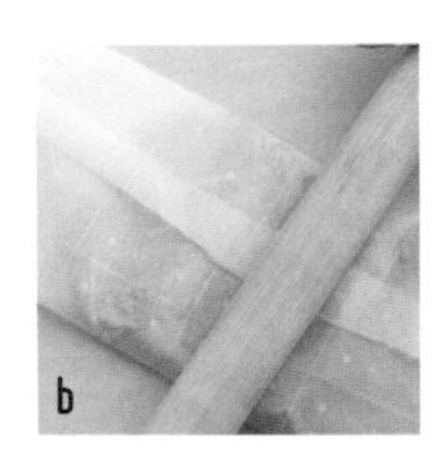

用烘焙紙包住麵團再擀平，就不會黏在擀麵棍上，形狀也會更漂亮。

用刀子分切麵皮，長度與粗細都要均等。

Pào de Queijo

巴西乳酪麵包球

「Pão de Queijo」是葡萄牙文的「乳酪麵包」之意，
這是一道巴西家庭常見的點心。

醣質（1顆）| 0.8g

■ 材料（8顆份）

A | 生黃豆粉 ••• 40g
  | 麩粉 ••• 10g

奶油（含鹽）••• 20g

水 ••• 60mℓ

乳酪粉 ••• 40g

雞蛋 ••• 50g

■ 事前準備

- 將雞蛋置於室溫下退冰後打散。
- 在缽盆中倒入A，用打蛋器拌入空氣的同時，把結塊攪散。
- 在烤盤上鋪烘焙紙。
- 烤箱預熱至200度。

■ 作法

1. 將奶油切成小塊，與60mℓ的水一起放入鍋中，開中火加熱。
2. 煮到奶油溶解、沸騰後就立刻關火，加入A[a]用木鏟快速攪拌[b]。
3. 再次開中火加熱，用木鏟從鍋底往上翻拌均勻，徹底炒過。
4. 鍋底形成一層白膜後就立刻關火[c]，加入乳酪粉拌勻[d]。
5. 添加少量的蛋液後，用木鏟搓拌混合至看不見蛋液為止[e]。接著翻面，將整體拌至略硬的狀態就完成了。
6. 將麵團分成8等分後，用手揉成圓球狀，排放在烤盤上。放入200度的烤箱中烤10分鐘，調降至180度再烤8分鐘。

a

先將奶油放入水中加熱溶化，再倒入粉類，可以幫助材料的融合。

b

由於材料中含有吸水力特別強的麩粉，因此要快速攪拌以避免結塊。

c

當鍋底如照片所示出現一層白膜時，即可準備關火。

d

一口氣倒入所有的乳酪粉，並趁麵團還有熱度時快速拌勻。

e

視情況調整蛋液的量，只要麵團變得柔軟有彈性就OK了。

Shibazuke & Jako Steamed Bread

微波柴漬魩仔魚蒸麵包

加入柴漬魩仔魚做成日式大阪燒風味。
富含鈣質，可以抑制減肥過程中所產生的焦躁感也是一大魅力。

■ 材料[口徑5cm的矽膠烘焙杯４個份]

A | 小麥麩皮粉 ••• 25g
  | 生黃豆粉 ••• 25g
  | 泡打粉 ••• $\frac{1}{4}$大匙

B | 雞蛋 ••• 1顆
  | 原味優格 ••• 50mℓ
  | 牛奶 ••• 2大匙
  | 沙拉油 ••• 25mℓ（22.5g）

柴漬 ••• 30g
魩仔魚 ••• 20g

■ 事前準備

- 將雞蛋、優格、牛奶置於室溫下退冰。
- 在缽盆中倒入A，用打蛋器拌入空氣的同時，把結塊攪散。
- 將柴漬切碎[a]。

■ 作法

1. 將B放入略大的缽盆中，用打蛋器充分攪拌均勻[b]。
2. 加入A、柴漬、魩仔魚，混拌至看不見粉類為止。
3. 將麵團拌勻後，用湯匙舀入矽膠烘焙杯至9分滿[c]，放入微波爐（600W）中加熱３分鐘。沒有矽膠烘焙杯的話，也可以改用其他適合微波加熱的容器。

a
將柴漬切得比魩仔魚還小，就能與麵團徹底混勻，吃起來會更美味。

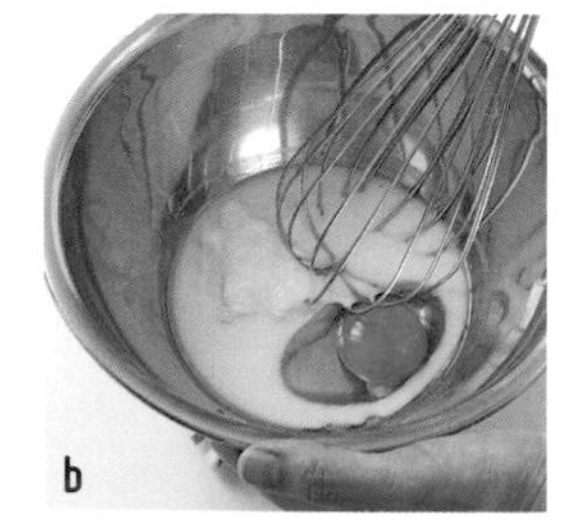

b
訣竅在於要把雞蛋打散混勻，但是不需要打發。

c
這款麵團的膨脹力比一般蒸麵包的麵團弱，因此要填至烘焙杯的9分滿，烤出來的形狀才會漂亮。

醣質
（1 個） 3.0g

Part 2

披薩

用生黃豆粉與小麥蛋白粉取代麵粉，
做出的餅皮會比麵粉版還要紮實，
就算吸收了配料的水分與油分，仍可維持酥脆的口感。

醣質（1人份，½片）5.2g

Pizza Margherita

瑪格麗特披薩

減少含醣量高的番茄用量，
改用黑橄欖增添風味。

■ 材料［直徑20cm的大小3片份］

生黃豆粉 ••• 80g
小麥蛋白粉（麩粉）••• 80g
鹽 ••• ½小匙
乾酵母粉 ••• 3g
水 ••• 110mℓ
橄欖油 ••• 2小匙
手粉（生黃豆粉）••• 適量

〈配料〉［1片，2人份］
莫札瑞拉乳酪 ••• 1塊（100g）
小番茄 ••• 3顆
黑橄欖（去籽）••• 3顆
橄欖油 ••• 適量
羅勒葉 ••• 3片

※ 這是較容易捏製成麵團的分量。
進行到6的成形步驟時，就可以用保鮮膜包起來冷凍，保存期限為1個月。

■ 作法

1. 將生黃豆粉、小麥蛋白粉倒在網篩上，用湯匙邊攪拌邊過篩至缽盆中。加入鹽與乾酵母粉，用叉子大致拌勻。
2. 在中央挖一個凹洞後，依序倒入所有的水與橄欖油［a］，用叉子慢慢挖取周圍的粉類往中央混合，讓水分與油分遍布整體，直到材料聚攏成團。如果材料無法聚攏，可以再加少量的水。
3. 取出麵團放在工作台上，揉捏2～3分鐘［b］，等麵團變得光滑均勻後，揉成圓球狀放入缽盆中［c］。用保鮮膜覆蓋後，靜置在30～35度的環境下約1小時進行一次發酵，直到麵團膨脹成約2倍大。
4. 取出麵團放在撒有手粉的工作台上，輕輕壓出內部的空氣。用刮板或刀子切成3等分，覆蓋上保鮮膜醒麵10分鐘左右（Bench Time）。利用這段期間將烤箱預熱至200度。
5. 對折麵團後，將邊緣往內側折入。用手指捏緊接合處後，在工作台上來回滾動麵團直到接合處密合。剩下的麵團也以相同方式處理。
6. 將麵團用掌心壓平後，以擀麵棍擀成直徑20cm左右的圓形［d］，擺放在烤盤上。
7. 將莫札瑞拉乳酪切成1cm的厚度，去蒂的小番茄與黑橄欖則切成一半。
8. 將7均勻地撒在6上［e］，放入鋪有烘焙紙的烤盤中，以200度的烤箱烤12～15分鐘。最後淋上橄欖油，撒上切碎的羅勒葉。

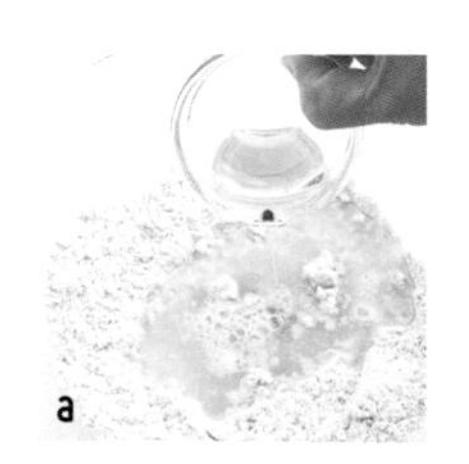
a
將橄欖油倒在水上加以混拌，是讓粉類均勻吸收水分與油分的訣竅。

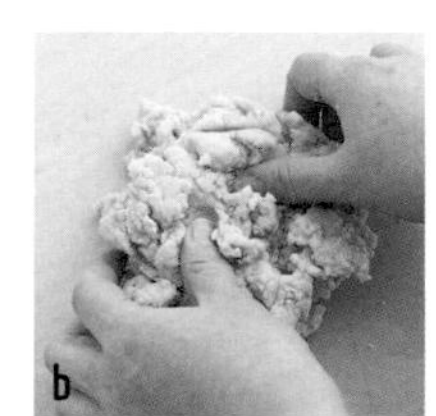
b
一邊用指腹確認材料是否拌勻，一邊揉成表面光滑的麵團。

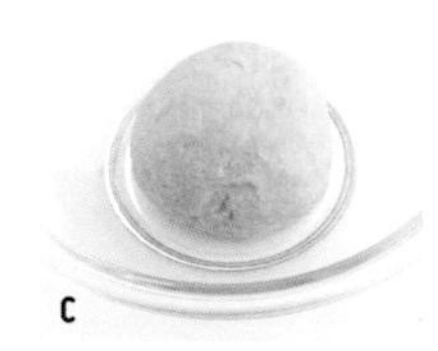
c
發酵溫度為30度左右，夏季只要置於室溫下即可。其他季節可運用烤箱的發酵功能，或是放在保溫中的飯鍋上、可照到太陽的地方等處。

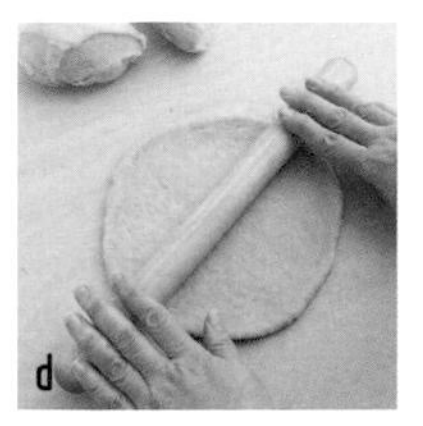
d
減醣披薩的麵團極富彈性，使用擀麵棍擀開時可以用體重施加力道。

e
考量到乳酪會融化，擺放的時候需距離餅皮邊緣1cm。讓小番茄的切面朝上，就不怕小番茄出水弄濕餅皮。

Crispy Salami Pizza

義式臘腸披薩

從焦焦脆脆的臘腸滲出的油分
飽含鮮味與鹹味，與餅皮十分對味。

醣質（1人份，½片）| 4.7g

■ 材料［18×12cm的大小4片份］

生黃豆粉 ••• 50g
小麥蛋白粉（麩粉）••• 50g
杏仁粉 ••• 30g
鹽 ••• ½小匙
乾酵母粉 ••• 2g
水 ••• 90mℓ
橄欖油 ••• 2小匙
手粉（生黃豆粉）••• 適量

〈配料〉［1片，1人份］
義式臘腸（切薄片）••• 2片
青椒 ••• ½個
洋蔥 ••• 少許
披薩醬 ••• 1大匙
披薩專用乳酪絲 ••• 15g

■ 作法

1. 將生黃豆粉、小麥蛋白粉與杏仁粉倒在網篩上，用湯匙邊攪拌邊過篩至缽盆中。加入鹽與乾酵母粉，用叉子大致拌勻。
2. 在中央挖一個凹洞後，依序倒入所有的水與橄欖油，用叉子慢慢挖取周圍的粉類往中央混合，讓水分與油分遍布整體，直到材料聚攏成團。如果材料無法聚攏，可以再加少量的水。
3. 取出麵團放在工作台上，揉捏2～3分鐘，等麵團變得光滑均勻後，揉成圓球狀放入缽盆中［a］。用保鮮膜覆蓋後，靜置在30～35度的環境下約1小時進行一次發酵，直到麵團膨脹成約2倍大。
4. 取出麵團放在撒有手粉的工作台上，輕輕壓出內部的空氣。用刮板或刀子切成4等分，覆蓋上保鮮膜醒麵10分鐘左右（Bench Time）。利用這段期間將烤箱預熱至200度。
5. 拿起麵團的兩端對折後，把突出的部分往內側折入。用手指捏緊接合處後，在工作台上來回滾動麵團直到接合處密合。
6. 將麵團用擀麵棍擀成18×12cm的橢圓形薄片［b］，擺放在烤盤上。用叉子在整塊餅皮上戳洞。
7. 將洋蔥切絲，青椒去籽後切成圈狀。
8. 用叉子在整塊餅皮上戳洞後，以湯匙塗上披薩醬［c］。
9. 均勻地擺上洋蔥，並視整體平衡排放上臘腸與青椒，再撒上披薩專用乳酪絲［d］。放入200度的烤箱中烤10～12分鐘。可依喜好淋上塔巴斯科辣椒醬。

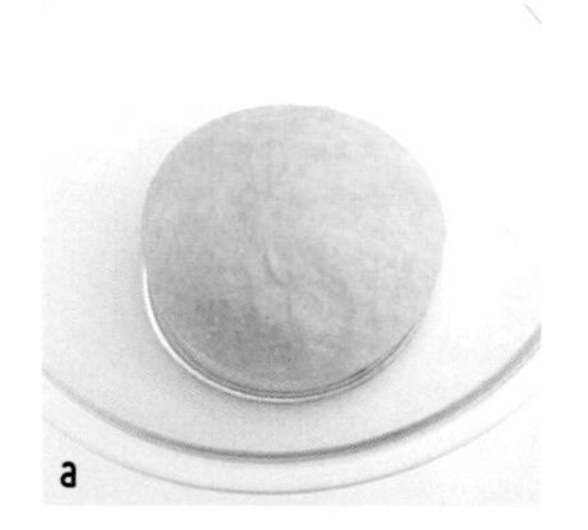

a 發酵過後的麵團。可以看出比p.65［c］發酵前的麵團還要大，表面也很光滑。

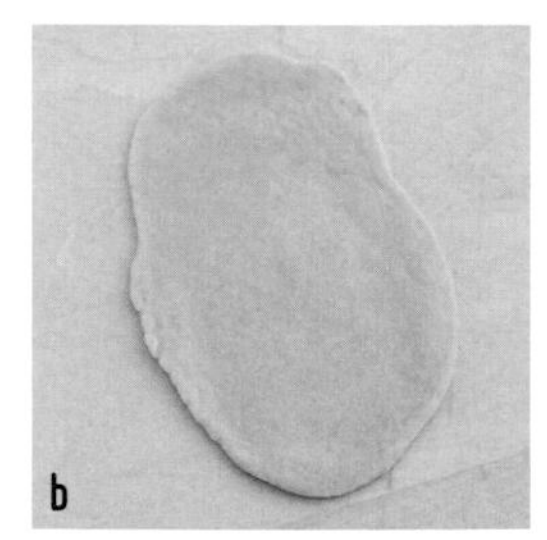

b 將麵團擀平時，以擀麵棍用力按壓邊緣，就能連餅皮邊緣都烤得相當酥脆。

c 發酵過的餅皮直接烘烤的話，有時會失去酥脆的口感，所以先用叉子均勻戳洞，再塗上披薩醬。

d 將乳酪絲均勻地撒在所有配料上，可以使味道融合在一起。

Crab Avocado Mayonnaise Pizza

蟹肉酪梨美乃滋披薩

酪梨是有助於降低膽固醇的強力夥伴。

■ 材料[2人份，1片]

基本減醣披薩麵團（p.65）的⅓分量
酪梨 ••• ½顆
洋蔥 ••• 適量
蟹腳 ••• 3根
檸檬汁 ••• 適量
美乃滋 ••• 3大匙
披薩專用乳酪絲 ••• 適量

■ **披薩餅皮的事前準備**

- 依照p.65的步驟**1**～**6**製作披薩餅皮後，放入鋪有烘焙紙的烤盤中。
- 烤箱預熱至200度。

■ 作法

1. 酪梨切半去籽，剝皮後切成1cm的厚度，放入缽盆中，淋上檸檬汁。洋蔥則切絲，蟹腳剝殼。
2. 將洋蔥、酪梨與蟹腳肉均勻地擺放在餅皮上，擠上美乃滋[a]。撒上披薩專用乳酪絲後，放入200度的烤箱中烤12～15分鐘。

擠出細細一條美乃滋，用量依材料為準。由於均為減醣食材，擠上大量的美乃滋也沒關係。

Uncured Ham Bismarck

生火腿俾斯麥披薩

半熟蛋緩和了生火腿的鹹味，整體給人的視覺衝擊力也很強。

■ 材料[2人份，1片]

基本減醣披薩麵團（p.65）的⅓分量
雞蛋 ••• 1顆
生火腿 ••• 4片
洋蔥、甜椒（紅、黃色）、帕瑪森乳酪 ••• 各適量
披薩醬 ••• 1大匙

■ **披薩餅皮的事前準備**

- 依照p.65的步驟**1**～**6**製作披薩餅皮後，放入鋪有烘焙紙的烤盤中。
- 烤箱預熱至200度。

■ 作法

1. 將生火腿撕成便於食用的大小，薄薄地鋪在餅皮上，洋蔥則切絲。甜椒縱向切半後，去籽去蒂，再切成5mm寬的細絲。
2. 在整塊餅皮上塗滿披薩醬，沿著餅皮邊緣擺上一圈生火腿後，在內側鋪上洋蔥與甜椒。最後在中央打入一顆蛋[a]、撒上帕瑪森乳酪。
3. 放入200度的烤箱中烤12～15分鐘。

將蛋打入小一點的容器再倒在餅皮上，就不怕失敗了。這裡的關鍵在於要事先鋪滿生火腿、洋蔥與甜椒。

Three Cheesees Pizza

3種乳酪披薩

如果想要專心享受乳酪的美味，建議搭配薄脆餅皮。

■ 材料[2人份，1片]

基本減醣披薩麵團（p.65）的⅓分量
莫札瑞拉乳酪 ••• 50g
高達乳酪 ••• 60g
古岡左拉乳酪 ••• 40g
粗磨黑胡椒 ••• 適量

■ 披薩餅皮的事前準備

- 依照p.65的步驟**1**～**6**製作披薩餅皮。完成**5**的狀態後，請參照**6**用擀麵棍擀成直徑20cm左右的圓形，放入鋪有烘焙紙的烤盤中。
- 烤箱預熱至200度。

■ 作法

1. 將莫札瑞拉乳酪與高達乳酪切成1cm寬，再切成小塊，均勻地擺放在餅皮上。用手把古岡左拉乳酪撕成小塊，鋪滿整個餅皮[a]。
2. 放入200度的烤箱中烤15～20分鐘，最後再撒上黑胡椒。

將3種乳酪均勻地鋪在餅皮上，相異的風味可以交織出濃郁的美味。除了這3種乳酪外，還可依喜好添加披薩專用乳酪絲、切達乳酪等。

Apple Cinnamon Sugar Pizza

蘋果肉桂披薩

蘋果汁液烤到滾燙冒泡時，肉桂香與奶油香就會撲鼻而來。

■ 材料[2人份，1片]

基本減醣披薩麵團（p.65）的⅓分量

蘋果 ••• ¼顆

羅漢果代糖（顆粒）••• 1大匙

奶油（無鹽）••• 20g

肉桂粉 ••• 適量

■ 披薩餅皮的事前準備

- 依照p.65的步驟**1**～**6**製作披薩餅皮。完成**5**的狀態後，請參照**6**用擀麵棍擀成10×18cm的橢圓形，放入鋪有烘焙紙的烤盤中。用叉子均勻地在表面上戳洞，餅皮邊緣要預留2～3cm的空間。
- 烤箱預熱至200度。

■ 作法

1. 蘋果縱切成4等分後去芯，連皮一起切成5mm厚。
2. 在整個餅皮撒上羅漢果代糖，並以稍微疊合的方式在中央擺上蘋果[a]。鋪滿撕成小塊的奶油後，撒上少許肉桂粉。
3. 放入200度的烤箱中烤12～15分鐘，烤好後再撒上少許肉桂粉。

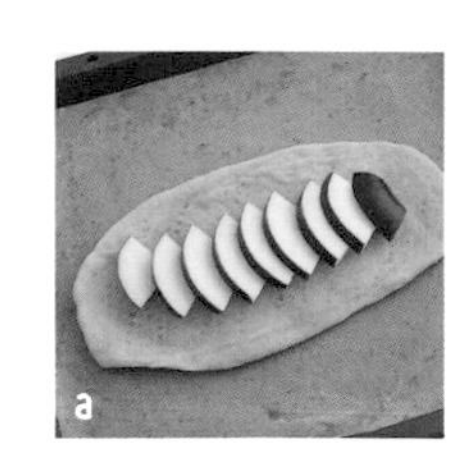

利用叉子在餅皮中心戳洞，可以讓蘋果汁液與奶油滲入餅皮中，吃起來更加美味。

Bacon Asparagus Quiche

培根蘆筍法式鹹派

口感酥脆的派皮，與使用雞蛋、鮮奶油
及乳酪製作的濃醇蛋奶液，簡直堪稱絕配。

醣質（1人份，1/6塊） 8.0g

材料[直徑15cm的圓形模具1個，6人份]

〈麵團〉

生黃豆粉 ••• 100g
小麥蛋白粉（麩粉）••• 20g
杏仁粉 ••• 30g
鹽 ••• 1小撮
奶油（無鹽）••• 70g
水 ••• 30～40mℓ
手粉（小麥蛋白粉）••• 適量

〈餡料〉

A
雞蛋 ••• 3顆
鮮奶油 ••• 100mℓ
牛奶 ••• 200mℓ
披薩專用乳酪絲 ••• 80g
鹽、胡椒 ••• 各適量

綠蘆筍 ••• 6根
培根 ••• 2片
洋蔥 ••• ⅙顆
沙拉油 ••• 適量

事前準備

- 將奶油切成2cm的塊狀，覆蓋上保鮮膜後放進冰箱冷藏。將雞蛋置於室溫下退冰後打散。
- 在圓形模具的底部與側面塗抹奶油（分量外），並撒上薄薄一層手粉。

作法

1. 將生黃豆粉、小麥蛋白粉、杏仁粉與鹽倒在網篩上，用湯匙邊攪拌混合邊過篩至缽盆中。
2. 加入奶油後，用指腹捏碎混合。接著在中央挖一個凹洞，倒入所有的水。用叉子慢慢挖取周圍的粉類往中央混合，將材料用手快速聚攏成團。使用食物調理機會更方便快速，奶油也不容易融化。
3. 用保鮮膜覆蓋後，放進冰箱醒麵1小時。並趁這段期間將烤箱預熱至180度。
4. 取出麵團放在撒有手粉的工作台上，用擀麵棍擀成直徑20cm、厚度3mm左右的圓形。將派皮蓋在圓形模具上[a]，用手指沿著模具內側按壓貼合[b]。接著以刀子修掉多餘的派皮、調整形狀後[c]，用叉子在派皮底部戳洞[d]。放入180度的烤箱中烤10分鐘。
5. 將蘆筍水煮後切成4cm長。培根切成1cm寬，洋蔥則切絲。
6. 在平底鍋中倒入沙拉油燒熱，放入**5**拌炒，炒至洋蔥變軟後，倒入**4**的派皮中鋪平。將**A**放入缽盆中，拌勻後倒入模具[e]。
7. 放入180度的烤箱中烤20分鐘，調降至170度再烤30分鐘。

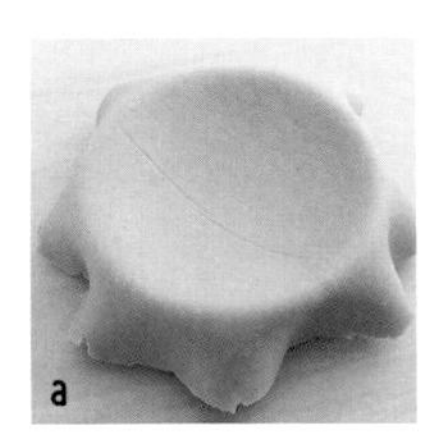

a
將派皮試著蓋在圓形模具上，如果不夠大的話就再稍微擀開，調整一下尺寸。

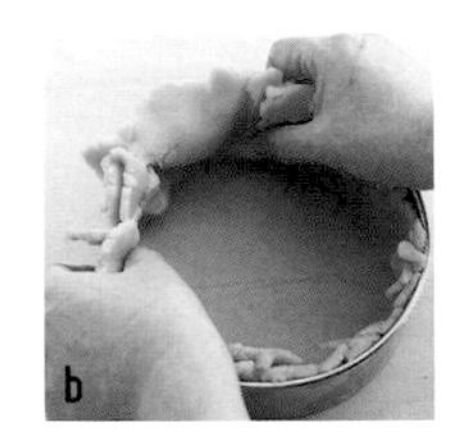

b
模具底部的角落也要鋪平壓實，避免有任何空隙。用手指按壓，使派皮完全貼合在模具上。側面的派皮用手指按壓推開，厚度也要調整成一致。

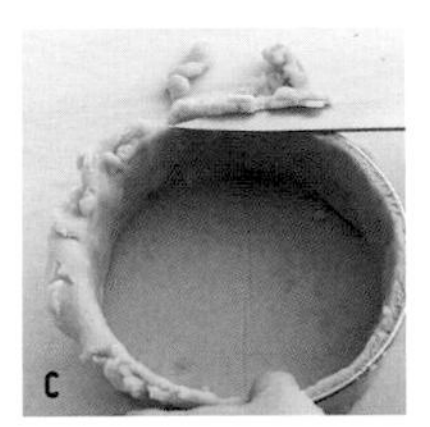

c
超出模具的部分就用刀子等修掉。這時也要確認模具與派皮之間是否有空隙。

d
先用叉子在底面戳洞再烤，就不用怕底面會隆起。派皮烤好後會略微回縮，要注意別讓側面的派皮碎裂。

e
蛋奶液要慢慢地倒入。並視情況調整用量，以免溢出模具外。

Fried Tofu Pizza

豆皮披薩

只吃一口根本吃不出是用炸豆皮製作的。
但是炸豆皮軟掉後就會現出原形，所以請趁熱吃吧！

■ 材料[2人份，15×15cm的大小1片]

日式炸豆皮 ••• 1片
洋蔥 ••• 50g
培根 ••• 1片
番茄 ••• 50g
披薩專用乳酪絲 ••• 30g

■ 事前準備

- 在烤盤上鋪烘焙紙。
- 烤箱預熱至230度。

■ 作法

1. 將炸豆皮放入滾水中汆燙去油[a]。用網篩撈起瀝乾水分後，靜置稍微放涼。
2. 洋蔥切絲、培根切成1cm寬、番茄切成7～8mm厚的瓣狀[b]。
3. 等1冷卻後用廚房紙巾包起來，以手壓出多餘的水分。留下一個長邊不動，將另外3個邊各切掉1～2mm後攤開[c]。將白色的內側面朝上擺放在烤盤中。
4. 均勻地鋪上洋蔥、培根，並視整體平衡排放上番茄，再撒上披薩專用乳酪絲[d]。
5. 放入230度的烤箱中烤12～15分鐘，直到乳酪融化變色。

a

為了避免披薩留有炸豆皮的油味，要先用滾水汆燙去油。

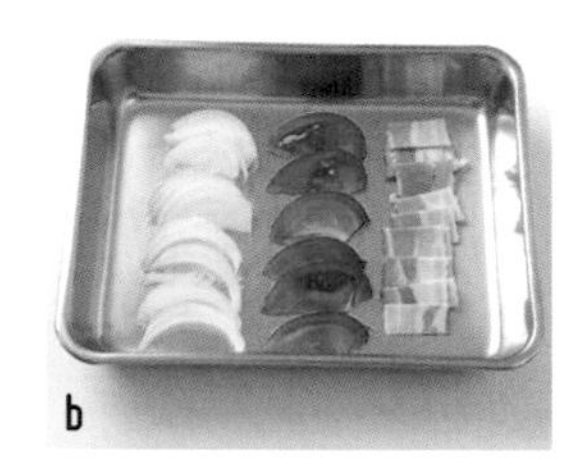

b

將洋蔥與番茄如照片所示分別切好，受熱會比較快。

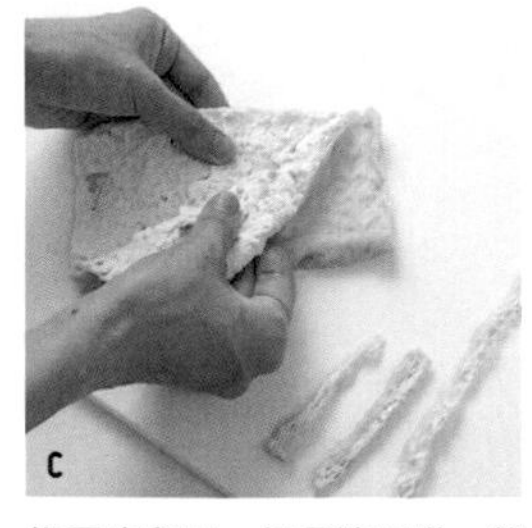

c

炸豆皮留下一個長邊不動，將另外3個邊各切掉1～2mm後，攤開成一大片。

d

由於烘烤時炸豆皮會吸收配料釋出的鮮味，因此最好將白色的那一面朝上。

醣質
（1人份，½片）
2.2g

Part 3
點心

各位是否認為「減肥期間吃蛋糕」
根本就是癡人說夢呢？
這裡將介紹受歡迎的減醣蛋糕。

醣質（1人份，⅛片）| 1.4g

Tea Pound Cake

紅茶磅蛋糕

不使用砂糖與麵粉，消除導致肥胖的原因之一「醣質」！
而取代麵粉的杏仁粉，則為蛋糕增添了濃醇感。

■ **材料**[8人份，22×9×高6.5cm的磅蛋糕模1條）

A | 小麥麩皮粉 ••• 30g
| 杏仁粉 ••• 50g

紅茶茶葉 ••• 2大匙
奶油（含鹽）••• 65g
羅漢果代糖（顆粒）••• 50g
雞蛋 ••• 2顆
蘭姆酒 ••• 1大匙
檸檬香精 ••• 少許

■ **事前準備**

- 將雞蛋置於室溫下退冰後，把蛋黃與蛋白分開。將奶油置於室溫下回軟。
- 在缽盆中倒入A，用打蛋器拌入空氣的同時，把結塊攪散。
- 將紅茶茶葉倒入研磨缽中，用研磨木棒磨成粉狀[a]。也可以使用食物調理機。
- 在磅蛋糕模中鋪烘焙紙。
- 烤箱預熱至170～180度。

■ **作法**

1. 在缽盆中放入奶油，用打蛋器攪打成滑順的乳霜狀[b]。
2. 預留1大匙的羅漢果代糖備用，剩下的分成3次加入1中，每次加入後都要攪打至泛白、呈現輕盈的質感。
3. 將蛋黃逐顆加入，混合至看不見蛋黃後，加入蘭姆酒與檸檬香精攪拌。
4. 將另外一個缽盆中的蛋白打發。攪打至產生黏性後，加入預留的1大匙羅漢果代糖，繼續打發成堅硬挺立的蛋白霜[c]。
5. 取⅓的蛋白霜加入3中，用橡皮刮刀仔細拌勻。
6. 倒入A、紅茶茶葉，用橡皮刮刀從底部翻起切拌均勻。攪拌至略帶少許粉感時，加入剩下的蛋白霜以切拌方式混合[d]。
7. 將麵糊倒入模具後，用橡皮刮刀在中央劃出一道2～3cm長的凹痕，接著擺放在烤盤上，以170～180度的烤箱烤40分鐘。

a
用研磨木棒磨碎紅茶茶葉，產生的香氣會更棒。如果趕時間的話，也可以用食物調理機或是用刀子切碎。

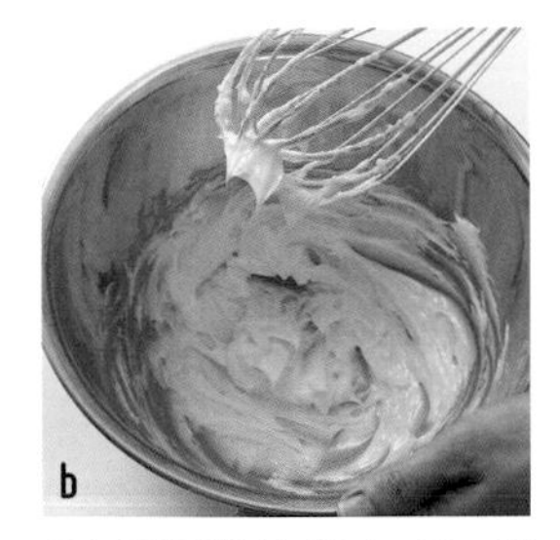
b
用打蛋器攪拌奶油時，要一邊拌入空氣。等奶油變得滑順黏稠、可以拉出尖角時，就更能與其他材料融合在一起。

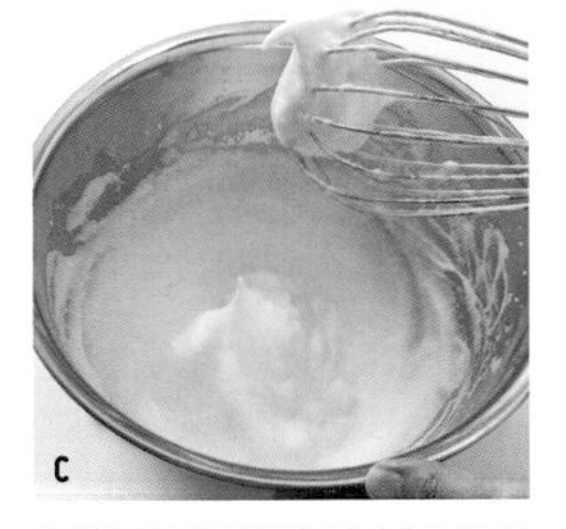
c
打發至用打蛋器舀起蛋白霜時不會掉落，就代表軟硬度剛剛好。使用打發程度適中的蛋白霜，可以烤出蓬鬆的蛋糕。

d
加入剩下的蛋白霜後，以切拌方式混合，要避免弄破氣泡。攪拌至看不見蛋白霜即可。

Strawberry Shortcake

草莓奶油蛋糕

雖然香甜的草莓含有果糖，
但是也富含減醣飲食中容易缺乏的維生素C。

醣質（1人份，⅙片）5.4g

材料[6人份，直徑18cm的圓形模具1個]

A | 小麥麩皮粉 ••• 20g
  | 杏仁粉 ••• 40g

雞蛋 ••• 2顆

羅漢果代糖（顆粒）••• 60g

奶油（含鹽）••• 20g

〈糖漿〉

B | 羅漢果代糖（液狀）••• 50mℓ
  | 蘭姆酒 ••• 1大匙

鮮奶油 ••• 200mℓ

草莓 ••• 250g

事前準備

- 將雞蛋置於室溫下退冰後打散。草莓清洗乾淨後去蒂，瀝乾水分。
- 在缽盆中倒入A，用打蛋器拌入空氣的同時，把結塊攪散。
- 依照圓形模具底部的形狀剪好烘焙紙鋪上，在側面塗抹奶油（分量外）後，整體撒滿薄薄一層的小麥麩皮粉（分量外）。
- 奶油以60～70度的水隔水加熱融化。
- 烤箱預熱至180度。

作法

1. 雞蛋以40度的水隔水加熱，並用打蛋器以拌入空氣的方式確實打發[a]。
2. 開始產生黏性並冒泡後，將羅漢果代糖分成3次加入，每次加入後都要打發。
3. 加熱至溫度接近體溫（手指伸入蛋糊時覺得溫溫的）時就把熱水盆撤掉，繼續打發至完全冷卻[b]。
4. 加入2小匙的水混拌。
5. 加入一半的A，用打蛋器從底部翻起切拌均勻。混拌至看不見粉類後，加入剩下的A，以相同的方式切拌混合。
6. 加入溫熱的奶油後，用打蛋器從底部翻起切拌混合[c]，混拌至還看得出些許奶油的痕跡即可。接著用橡皮刮刀從底部翻起混拌，倒入圓形模具後擺放在烤盤上，以180度的烤箱烤25～30分鐘。
7. 烤好脫模後撕掉烘焙紙，放到網架上冷卻。
8. 將B倒入小型容器中攪拌，製作糖漿。在缽盆中放入鮮奶油打至8分發。
9. 等7冷卻後，將厚度切成一半。用刷子在切面刷上糖漿、塗抹一半的鮮奶油後，把2片疊在一起[d]。將整個表面塗滿糖漿與剩下的鮮奶油後，擺放上草莓裝飾。

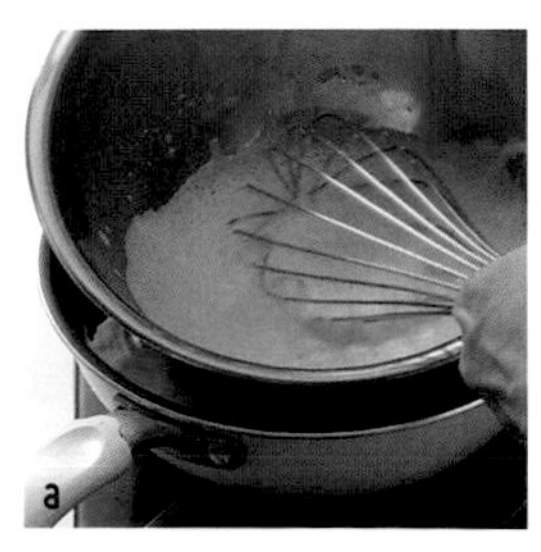
a
一邊加熱一邊打發的話，不僅羅漢果代糖更容易溶解，也能夠確實打發。

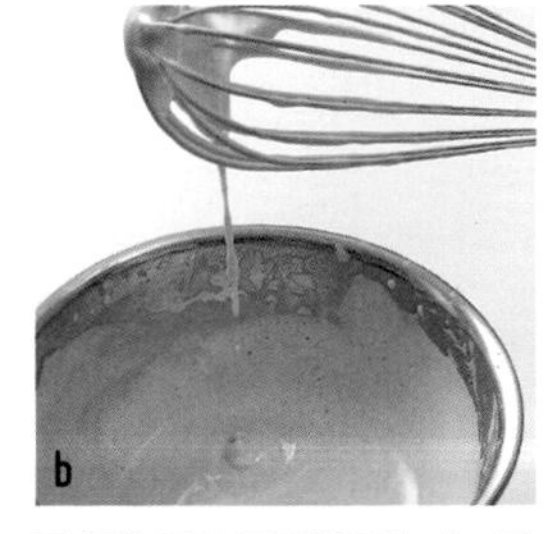
b
要打發至用打蛋器舀起時，蛋糊會停留在打蛋器上的狀態。

c
由於奶油容易沉底，因此要慢慢加入。

d
訣竅就在於鮮奶油不要過度打發。將大量的鮮奶油放在蛋糕體上，用橡皮刮刀塗抹均勻。

Chocolate Brownie

巧克力布朗尼

巧克力的香氣會蓋過小麥麩皮粉的風味，
展現出不輸市售布朗尼的美味。

■ 材料［9人份，20×20cm的方形容器1個］

A｜小麥麩皮粉 ••• 50g
　｜杏仁粉 ••• 50g
　｜泡打粉 ••• ½小匙
奶油（含鹽）••• 90g
可可粉 ••• 50g
羅漢果代糖（顆粒）••• 80g
雞蛋 ••• 2顆
香草精 ••• 少許
鹽 ••• ¼小匙
核桃 ••• 100g

■ 事前準備

- 將雞蛋置於室溫下退冰後，把蛋黃與蛋白分開。將奶油置於室溫下回軟。
- 在缽盆中倒入A，用打蛋器拌入空氣的同時，把結塊攪散。
- 將核桃切成1～2㎜厚的薄片［a］。
- 在方形容器中鋪烘焙紙。
- 烤箱預熱至170度。

■ 作法

1. 在缽盆中放入奶油，用隔水加熱的方式融化，完全融化後加入可可粉攪拌［b］。
2. 將另外一個缽盆中的蛋白打發後，分成3次加入羅漢果代糖，每次加入後都要打發，製作出有彈性的蛋白霜。
3. 將蛋黃逐顆加入2中，用打蛋器攪拌至完全融合後，分次少量地倒入1拌勻［c］。
4. 加入香草精與鹽攪拌均勻後倒入A，用橡皮刮刀以切拌方式混合。
5. 混拌至幾乎看不見粉類後，加入核桃大略拌勻。接著將麵糊倒入方形容器中［d］，擺放在烤盤上，放入170度的烤箱中烤18～20分鐘。

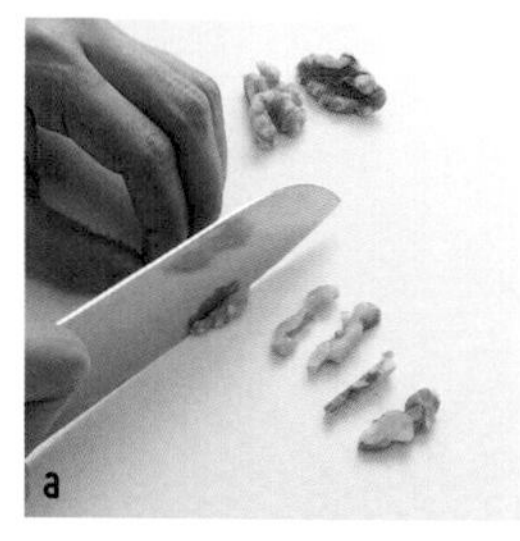

將核桃切成薄片可以產生酥脆的口感，請與麵糊攪拌均勻。

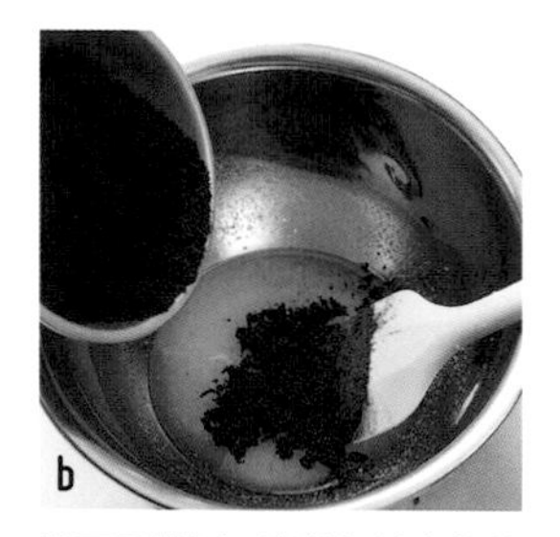

將可可粉倒入液狀奶油中攪拌均勻，再加入麵糊中混合，就能產生宛如使用巧克力製作的濃醇滋味。

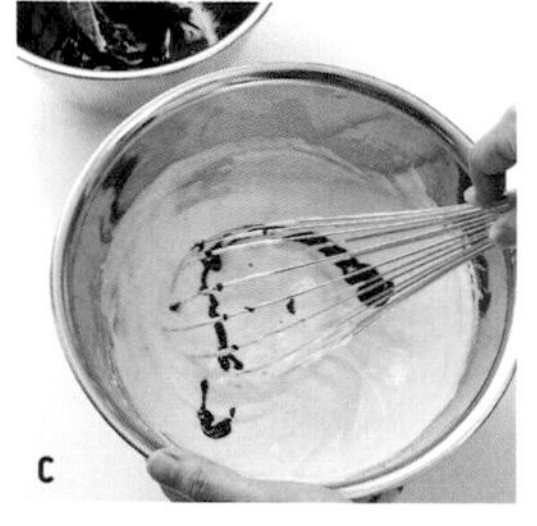

由於加入可可粉的液狀奶油容易沉底，因此要分次少量地倒入拌勻。

將麵糊倒入方形容器中，用橡皮刮刀整平表面。

醣質
（1人份，1/9塊）
3.2g

Macaron Italian

義式馬卡龍2種

咬起來酥脆且散發堅果香氣，充滿魅力的一道點心。
而且作法簡單不易失敗。

醣質（1個） 0.3g

核桃馬卡龍

■ 材料[12個份]

核桃（製作麵團用）••• 50g

羅漢果代糖（顆粒）••• 50g

蛋白 ••• 1～2小匙

核桃（切成薄片用）••• 15g

■ 事前準備

- 將製作麵團用的核桃，用食物調理機打成極細的粉末。
- 將切成薄片用的核桃，用刀子切成極薄的片狀。
- 將蛋白置於室溫下退冰。
- 在烤盤上鋪烘焙紙。
- 烤箱預熱至130度。

■ 作法

1. 在缽盆中倒入打成粉末狀的核桃與羅漢果代糖，用打蛋器把結塊完全攪散。
2. 將蛋白放入小型容器中，用叉子的背面打散後[a]，預留少量的蛋白備用。將蛋白慢慢地加入**1**中，同時用手仔細揉捏[b]，揉捏至可用指腹搓圓的軟硬度。
3. 將**2**整形成棒狀後切成12等分，再捏成略粗的手指狀[c]。
4. 用**3**沾裹預留的蛋白後，放在切成薄片的核桃上滾動，並以輕輕按壓的方式裹上核桃薄片[d]。
5. 將麵團排放在烤盤上，放入130度的烤箱中烤45分鐘左右。烤至略微膨脹且呈現焦色，就代表烤好了。

杏仁馬卡龍

■ 材料[12個份]

杏仁粉 ••• 50g

羅漢果代糖（顆粒）••• 50g

蛋白 ••• 1～2小匙

杏仁片 ••• 15g

■ 作法

基本作法與核桃馬卡龍相同。只是將材料中打成粉末狀的核桃改成杏仁粉，切成薄片的核桃改成杏仁片，並製作成圓片狀。

將蛋白打散至以叉子撈起時，會從叉子的縫隙間流下的程度即可。

蛋白太多的話，烤出來的成品會變硬，所以要慢慢地加入蛋白，同時以指腹確認麵團的軟硬度。

用手指確實捏緊塑形，避免烤的過程中散掉。

在表面沾滿核桃薄片或杏仁片後，用指腹輕輕按壓使其確實沾裹，就不容易剝落了。

Petit Fruit Tarts

迷你水果塔

減醣塔皮的口感較硬＆酥脆，
搭配入口即化的鬆軟鮮奶油，簡直是絕妙滋味。

醣質（1個）4.6g

■ 材料[直徑5cm的塔模10個份]

A | 生黃豆粉 ••• 70g
  | 小麥麩皮粉 ••• 50g

奶油(含鹽) ••• 60g

羅漢果代糖(顆粒) ••• 40g

雞蛋 ••• 1顆

B | 鮮奶油 ••• 適量
  | 羅漢果代糖(顆粒) ••• 少許

裝飾用水果 ••• 適量

■ 事前準備

- 將雞蛋置於室溫下退冰後打散。將奶油置於室溫下回軟。
- 在缽盆中倒入A,用打蛋器拌入空氣的同時,把結塊攪散。
- 烤箱預熱至180度。

■ 作法

1. 在缽盆中放入奶油,用打蛋器攪打成滑順的乳霜狀。將羅漢果代糖分成3次加入,每次加入後都要攪打至泛白、呈現輕盈的質感。
2. 分次少量地倒入蛋液搓拌混合後,加入A大略拌勻[a],混拌至幾乎看不見粉類後,將材料聚攏成團並用保鮮膜包覆,放進冰箱醒麵20～30分鐘[b]。
3. 將麵團切成10等分後放入塔模中,用手指按壓推開,使塔皮完全貼合在模具上[c]。剩下的9個麵團也以相同方式處理。
4. 排放在烤盤上,放入180度的烤箱中烤15～20分鐘,烤好後,連同塔模一起放到網架上直到完全冷卻。
5. 享用之前,在缽盆中放入B打至8分發,舀入4中[d],最後擺放上水果。

將羅漢果代糖與蛋液加入奶油中,攪拌至手感變輕後,倒入粉末就會更容易攪拌。

塔皮冷藏過後會變硬,更容易鋪入模具中。

要把塔皮確實壓緊,使其完全貼合在模具上。

將鮮奶油打至8分發後,可用湯匙輕鬆舀入塔模中。

將塔皮與乾燥劑一起放進保鮮袋中,冷藏可保存5天,冷凍可保存2週。要用時再放入冷藏室解凍。

Koyadofu Rum Balls

凍豆腐蘭姆酒球

凍豆腐的吸水力很強，能夠吸飽滿滿的蘭姆酒，
奢華的甘甜香氣會在入口瞬間擴散開來。

■ 材料[12顆份]

凍豆腐（乾燥）••• 1塊（16g）
炸油 ••• 適量
蘭姆酒 ••• 2大匙
核桃 ••• 30g
奶油（含鹽）••• 50g
可可粉 ••• 適量
羅漢果代糖（顆粒）••• 25g
肉桂粉 ••• 1小匙

■ 事前準備

- 將奶油置於室溫下回軟。
- 將凍豆腐用溫水泡軟後，要確實擰乾水分。

■ 作法

1. 將炸油倒入平底鍋中，加熱至150～160度，放入凍豆腐炸至酥脆且呈金黃色後，撈起瀝乾油分[a]。
2. 等凍豆腐完全冷卻後，撕成7～8mm大小的塊狀[b]，放入小型缽盆中，以繞圈方式淋上蘭姆酒並拌勻。
3. 將核桃切成4mm大小的塊狀。
4. 在缽盆中放入奶油，用隔水加熱的方式融化，融化後加入可可粉25g與羅漢果代糖，用橡皮刮刀仔細拌勻[c]。
5. 將**2**與**3**倒入**4**中，加入肉桂粉混拌均勻。
6. 麵團放涼後會稍微變硬，這時分成12等分並用手揉成圓球狀[d]，排放在長方形淺盤中。放進冰箱冷藏使其變硬，最後撒上少量的可可粉。

a 將凍豆腐炸至表面呈金黃色的話，成品的口感會更好。

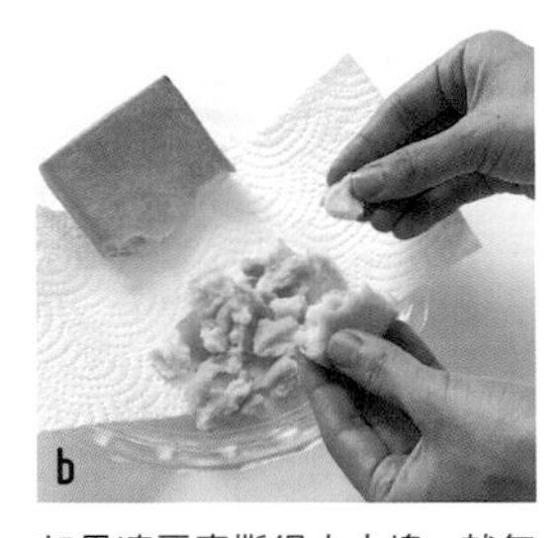

b 如果凍豆腐撕得太小塊，就無法吸飽蘭姆酒。

c 要把奶油完全融化成液體。訣竅是趁熱拌入可可粉與羅漢果代糖。

d 將麵團揉成圓球狀時，如果手指太用力會讓蘭姆酒滲出來，所以請把麵團放在掌心上輕輕滾動。

醣質
（1 顆）
1.0g

Fried Koyadofu with Curry Flavor

酥炸凍豆腐咖哩霰餅

**咖哩粉的風味會蓋過凍豆腐獨特的氣味，
嚐起來比外觀更像霰餅！**

■ 材料[4人份]

凍豆腐（乾燥）••• 1塊（16g）

炸油 ••• 適量

鹽 ••• 少許

咖哩粉 ••• 少許

■ 作法

1. 將凍豆腐用溫水泡軟後確實擰乾水分，撕成約1cm大小的塊狀。
2. 在平底鍋中倒入約5cm深的炸油，加熱至170～180度後放入1油炸。炸至酥脆且呈金黃色後，用油炸濾網撈起[a]。
3. 放在鋪有廚房紙巾的長方形淺盤中吸油，並趁熱撒上鹽與咖哩粉。

油炸時經常大幅地攪動油鍋，就能炸得更加均勻酥脆。使用油炸濾網會更方便。

Parmesan Cheese Snacks

帕瑪森乳酪餅乾2種

在乳酪中增添芝麻或辣椒粉的風味。
含有芝麻素的芝麻與含有辣椒素的辣椒粉，都有助於提升身體代謝。

黑芝麻乳酪餅乾

■ 材料[12片]

帕瑪森乳酪 ••• 20g　　磨碎的黑芝麻 ••• 2大匙（7.5g）

■ 作法

1. 將帕瑪森乳酪用網目較粗的刨絲器磨碎[a]，與黑芝麻一起放入缽盆後，用打蛋器仔細拌匀[b]。
2. 將不沾平底鍋以小火燒熱後，用湯匙舀取1，在平底鍋中抹開成直徑3～4cm的圓薄片。
3. 乳酪完全融化後會把黑芝麻黏住，煎至酥脆後翻面[c]，等兩面都呈現金黃色就完成了。

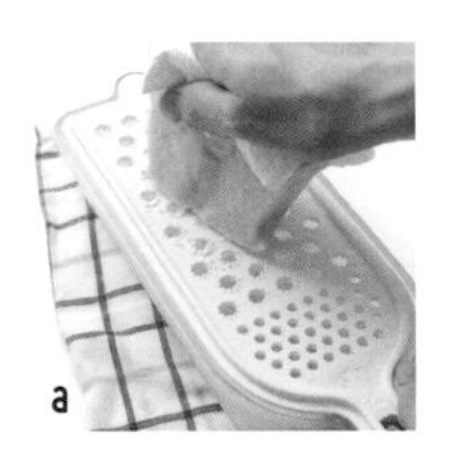
a

b

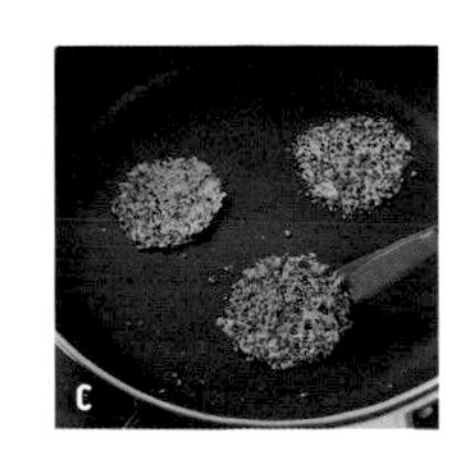
c

辣味黃豆乳酪餅乾

■ 材料[12片，4人份]

帕瑪森乳酪 ••• 20g　　辣椒粉 ••• 少許
生黃豆粉 ••• 2小匙（10g）

■ 作法

基本作法與黑芝麻乳酪餅乾相同。只是將材料換成了帕瑪森乳酪與生黃豆粉，並撒上辣椒粉。

醣質（1片）**0.1g**

Icebox Cookies

冰盒餅乾2種

將麵團放進冷凍庫醒麵，
這道手續可以讓餅乾吃起來更酥脆。

訣竅在於要把麵團確實壓緊。如果要整形成長方柱狀，先用保鮮膜包起來，放在砧板上滾動成圓柱狀後，再用掌心壓成長方體即可。

杏仁乳酪餅乾（右）

■ 材料［20片份］

A｜小麥麩皮粉 ••• 10g
　｜杏仁粉 ••• 25g
　｜乳酪粉 ••• 10g

奶油（含鹽）••• 35g
香草油 ••• 少許
羅漢果代糖（顆粒）••• 25g
蘭姆酒 ••• ½小匙

■ 事前準備

- 將奶油置於室溫下回軟。
- 在缽盆中倒入A，用打蛋器拌入空氣的同時，把結塊攪散。
- 在烤盤上鋪烘焙紙。
- 烤箱預熱至180度。

■ 作法

1. 在缽盆中放入奶油，用打蛋器攪打成質地滑順的乳霜狀。
2. 將羅漢果代糖分成3次加入，每次加入後都要攪打至泛白、呈現輕盈的質感。倒入香草油與蘭姆酒繼續攪拌。
3. 將1加入2中，用橡皮刮刀以切拌方式混合。混拌至幾乎看不見粉類後，用手將材料聚攏成團並整形成棒狀。
4. 用保鮮膜包起來，塑形成直徑3～4cm的圓柱狀［a］，接著放進冷凍庫冰30～40分鐘。
5. 麵團確實變硬後撕下保鮮膜，用刀子切成5mm的厚度。將麵團排放在烤盤上，放入180度的烤箱中烤12～13分鐘，烤好後放到網架上冷卻。

杏仁可可餅乾（左）

■ 材料［20片份］

A｜小麥麩皮粉 ••• 10g
　｜杏仁粉 ••• 25g
　｜肉桂粉 ••• ½小匙
　｜可可粉 ••• ½大匙（3g）

奶油（含鹽）••• 35g
香草油 ••• 少許
羅漢果代糖（顆粒）••• 25g
蘭姆酒 ••• ½小匙

■ 作法

基本作法與杏仁乳酪餅乾相同。將麵團整形成長邊為3～4cm的長方柱。

椰子軟餅乾

■ 材料[10個份]

A | 生黃豆粉 ••• 40g
  | 豆渣 ••• 45g

椰子絲 ••• 25g

奶油(含鹽) ••• 45g

羅漢果代糖(顆粒) ••• 35g

雞蛋 ••• 1顆

香草精 ••• 少許

■ 事前準備

- 將雞蛋置於室溫下退冰後打散。將奶油置於室溫下回軟。豆渣炒至乾鬆後，鋪在長方形淺盤中放涼。
- 在缽盆中倒入A，用打蛋器拌入空氣的同時，把結塊攪散。
- 在烤盤上鋪烘焙紙。
- 烤箱預熱至190度。

■ 作法

1. 如果椰子絲太長，可將長度切成1cm。
2. 在缽盆中放入奶油，用打蛋器攪打成質地滑順的乳霜狀。
3. 將羅漢果代糖分成3次加入，每次加入後都要攪打至泛白、呈現輕盈的質感。
4. 分次少量地倒入蛋液，用打蛋器搓拌混合，接著加入香草精繼續攪拌。
5. 加入A後，用橡皮刮刀以切拌方式混合。混拌至幾乎看不見粉類後，加入1攪拌，每次用湯匙舀起1/10的麵糊，取出一定間隔倒在烤盤上。接著放入190度的烤箱中烤15分鐘。

炒黃豆軟餅乾

■ 材料[10個份]

A | 生黃豆粉 ••• 40g
  | 豆渣 ••• 30g

炒過的黃豆 ••• 25g

奶油(含鹽) ••• 45g

羅漢果代糖(顆粒) ••• 35g

雞蛋 ••• 1顆

香草精 ••• 少許

■ 作法

基本作法與椰子軟餅乾相同。炒過的黃豆用食物調理機攪打成粗粒[a]。

醣質(1個) 0.3g

Drop Cookies

軟餅乾2種

用生黃豆粉與豆渣製作的軟餅乾，咀嚼時的口感極佳。

a

椰子絲與炒過的黃豆要是弄得太碎，就很容易失去咀嚼的口感與風味，要特別留意。

Eggplants Compote
糖煮茄子

口感很類似糖煮無花果。

■ 材料[6人份]

茄子（小）••• 6條

A
- 紅酒 ••• 200mℓ
- 水 ••• 200mℓ
- 羅漢果代糖（液狀）••• 50mℓ
- 檸檬薄片 ••• 1片
- 肉桂棒 ••• ½根

檸檬汁 ••• ½大匙

■ 作法

1. 用刀子沿著茄子的蒂頭劃一圈，把皮剝掉。接著浸泡在大量的水中30分鐘左右，去除澀味。
2. 將茄子用手一一擠乾水分後，以竹籤在表面戳出數個洞。
3. 將A混合均勻後，與茄子一起放入鍋中，蓋上落蓋用中火煮滾，再轉小火燉煮30分鐘左右，使茄子入味。
4. 茄子煮軟後關火，倒入檸檬汁靜置冷卻。完全冷卻後移至保鮮盒中，放進冰箱冷藏使茄子入味。取出盛入容器中，可依喜好用薄荷葉裝飾。

Black Sesame Shiruko
黑芝麻湯

黑芝麻是能夠保持青春美麗的食材。

■ 材料[2人份]

黑芝麻（經過洗選）••• 2大匙

A
- 生黃豆粉 ••• 2大匙
- 羅漢果代糖（顆粒）••• 25g
- 水 ••• 200mℓ

鹽 ••• 少許

枸杞 ••• 少許

■ 作法

1. 在食物調理機中倒入A與黑芝麻，把芝麻打成粉末狀，使所有材料混合均勻。
2. 倒入鍋中開中火加熱，用木鏟從鍋底往上翻拌以避免燒焦，煮滾後再繼續煮1～2分鐘。
3. 等芝麻與生黃豆粉煮至呈黏稠狀後，加入鹽攪拌並關火。
4. 盛入碗中，最後撒上枸杞。

Boiled White Kidney Beans with Lemon

檸檬白腰豆

白腰豆含有能抑制醣類吸收的成分。

■ 材料[8人份]

白腰豆（乾燥）••• 150g
羅漢果代糖（顆粒）••• 90g
鹽 ••• 少許
檸檬薄片 ••• ½顆份
檸檬汁 ••• 2大匙

■ 事前準備

- 將白腰豆簡單清洗後，放入600mℓ的水中浸泡一個晚上。

■ 作法

1. 將白腰豆連同浸泡的水一起倒入鍋中，用中火煮滾後，再轉小火煮20～30分鐘，直到白腰豆變軟為止。
2. 倒掉多餘的水，留下剛好可蓋過白腰豆的水量，接著加入⅓的羅漢果代糖煮5～6分鐘。重複此步驟3次，讓白腰豆吸收充足的醣分。
3. 加入鹽與檸檬薄片再煮一下，關火後倒入檸檬汁大略攪拌，靜置放涼。

Sweet Okara & Apple Kinton

豆渣蘋果金團

日本年菜常吃的金團，同樣有減醣版本。

■ 材料[6個份]

豆渣 ••• 70g
蘋果（無農藥）••• 100g
A | 羅漢果代糖（顆粒）••• 20g
　| 水 ••• 150mℓ
鹽 ••• 少許
柚子皮 ••• 少許

■ 事前準備

- 豆渣炒至乾鬆後，鋪在長方形淺盤中放涼。將柚子皮磨碎。

■ 作法

1. 將蘋果洗淨後，連皮一起磨成泥，與豆渣一起倒入鍋中，用木鏟攪拌均勻。
2. 倒入A混拌後，開中火加熱，並用木鏟從鍋底往上翻拌。材料煮滾後會開始冒泡，這時請視情況把火關小。
3. 持續攪拌以避免燒焦，煮到豆渣膨脹即可關火。接著加入鹽與柚子皮混拌。
4. 放涼至不燙手的溫度後，取⅙的量放在保鮮膜的中央，用保鮮膜包起，搓成圓球狀。剩下的材料也以相同的方法製作。

製作減醣麵包、披薩、點心
令人好奇的Q&A

在攪拌、揉捏、加熱材料的過程中，肯定會冒出許多疑問吧？
這裡將針對常見的問題、減醣的相關疑問，一併提供解答。

● 麵包製作

Q. 揉捏之後麵團還是很硬，
這樣沒問題嗎？

A. 減醣麵團會比一般麵粉製成的麵團還要有彈性，對於做慣一般麵包的人來說，手感可能會有點硬。此外，粉類的含水量也會因原料產地、製造商與季節而出現細微的差異，含水量較少時，做出的麵團確實可能比較硬。如果硬到難以揉捏、進行作業的話，可以將麵團直接放在工作台上，加入1大匙的水就會好揉許多。如果還是太硬的話，就再加1大匙的水吧。

Q. 有助於麵團發酵的「溫暖環境」，
是指什麼樣的地方？

A. 無論是一次發酵還是二次發酵，30度左右的溫暖地方都是最理想的環境。夏季只要置於室溫下即可，但是其他季節可能需要使用暖氣，或是放在保溫中的飯鍋上、可以照到太陽的地方等處。溫度偏低時同樣可以發酵，只是需要花較長的時間。請耐心觀察麵團的狀態，靜待麵團膨脹至約2倍大這點也很重要。

Q. 雖然試著將麵團塑形，
但是馬上就會回縮。

A. 因為減醣麵團較富彈性，特徵是擀開後也很容易回縮。一般麵團如果擀過頭，烘烤時就會難以膨脹，不過減醣麵團沒有這個問題，不需要擔心。由於減醣麵團只要耐心地重複擀開2～3次就不會回縮，因此請先完成這項作業再塑形。

Q. 家裡的烤箱太小，
沒辦法一次烤完。

A. 無法一次烤完時，請將剩下的麵團用保鮮膜仔細包好，放在陰涼處靜待第一批烤完。如果擺放在離烤箱很近等溫度偏高的地方，就會使麵團持續發酵，導致烤好時出現明顯的氣泡，這點要特別留意。因此室溫超過30度的夏季，也可以將麵團放進冰箱冷藏。

Q. 烤完的顏色很深，
難道減醣麵包比較容易烤焦嗎？

A. 本書的減醣麵包都用羅漢果代糖來取代砂糖。羅漢果代糖呈現淡褐色，而且烘烤時也很容易出現焦色。不過就算顏色偏深，只要不會產生苦味，可以烤出絕佳的風味就沒問題。本書的烘烤溫度設定得比一般烤麵包時的溫度還低，但是實際狀況會依烤箱機型而異，因此如果確定是過度加熱造成顏色變深，就必須多嘗試幾次以找出適合的溫度。

● 披薩製作

Q. 所有的食材
都可以拿來當配料嗎？

A. 火腿、義式臘腸、熱狗、培根等肉類，以及海鮮、乳酪、雞蛋、美乃滋都可以放心地大量使用。蔬菜的話，洋蔥、蕈菇類、青花菜、綠蘆筍等也沒問題。但是薯芋類、南瓜、玉米等含醣量高的食材就要多加留意。番茄的醣質也偏多，所以1人份要控制在50g以下，大顆的番茄，用量則要控制在¼顆左右。

Q. 餅皮放一段時間後，
就會變得黏黏的。

A. 相較於一般披薩的餅皮，減醣披薩的餅皮具有吸水後也不易變黏的特徵，可以長時間維持酥酥脆脆的口感，但是放太久仍然會因油分而變得黏膩。這是因為生黃豆粉與杏仁粉比麵粉含有更多油分的關係。此外，餅皮放久後，黃豆的氣味也會變濃，所以建議剛烤好就趁乳酪與其他配料的香氣正濃時享用。

● 點心製作

Q. 成品的膨脹效果不佳，
該怎麼辦才好？

A. 本書介紹的點心與一般點心不同，沒有使用含麩質的麵粉或泡打粉，所以特徵是不容易膨脹。不過紮實的口感也別具魅力，同樣值得品嚐。

● 共通疑問

Q. 生黃豆粉與熟黃豆粉的
差別為何？

A. 生黃豆粉是用生的黃豆直接研磨而成，熟黃豆粉則是用炒過的黃豆磨碎而成。炒過的熟黃豆粉含水量較少，因此含醣量會變得比較高，不適合用於製作減醣義大利麵、麵包、披薩，不能用來代替生黃豆粉。

Q. 很難買到小麥蛋白粉……

A. 烘焙材料專賣店等都有販售，另外網路上也買得到，不妨試著找找看。

Profile

監修 ••• 小田原雅人

1980年畢業於東京大學醫學院，並進入該醫學院的第三內科。1996年擔任英國牛津大學醫學院講師，2000年擔任虎之門醫院內分泌代謝科部長，2004年擔任東京醫科大學內科第三講座主任教授等職務，2009年升任大學醫院副院長，2014年擔任同大學糖尿病、代謝、內分泌、風溼、膠原病內科學領域主任教授。

Staff

設計 ••• 塙 美奈 [ME&MIRACO]

採訪撰文 ••• 植田晴美（p.4～5）

調理 ••• 検見崎聡美（p.48、50～51、60～63、74～93）

平岡淳子（p.8～31）

福岡直子（p.32～47、49、52～59、64～73）

攝影 ••• 梅沢 仁、大井一範、鈴木江実子

擺盤設計 ••• カナヤマヒロミ、豊島優子、ミヤマカオリ

DTP ••• LOYAL企畫

責任編輯 ••• 宮川知子 [主婦之友社]

※本書的食譜是從《糖質ほぼゼロスイーツ＆スナック》（接近零醣質的甜點＆零食）、《糖質オフで血糖値を下げるやせるお菓子》（藉減醣降低血糖值的瘦身點心）、《血糖値が上がらない！やせる！糖質オフのパスタ パン ピザ》（血糖值不上升！可瘦身！減醣義大利麵、麵包與披薩）精選後重新編撰而成。

零負擔輕醣烘焙

低油麵包×低脂披薩×低卡點心，
66道超滿足輕食提案

2021年6月1日初版第一刷發行

編　　著　主婦之友社
監 修 者　小田原雅人
譯　　者　黃筱涵
副 主 編　陳正芳
美術設計　竇元玉
發 行 人　南部裕
發 行 所　台灣東販股份有限公司
<地址>台北市南京東路4段130號2F-1
<電話>(02)2577-8878
<傳真>(02)2577-8896
<網址>www.tohan.com.tw
郵撥帳號　1405049-4
法律顧問　蕭雄淋律師
總 經 銷　聯合發行股份有限公司
<電話>(02)2917-8022

國家圖書館出版品預行編目資料

零負擔輕醣烘焙：低油麵包×低脂披薩×低卡點心，66道超滿足輕食提案 / 主婦之友社編著；黃筱涵譯. -- 初版. -- 臺北市：臺灣東販股份有限公司, 2021.06
96面；18.2×25.7公分
譯自：太らない！糖質オフのパン ピザ お菓子
ISBN 978-626-304-614-6 (平裝)

1.點心食譜

427.16　　110006561